Peter Laufmann

Der Boden

Peter Laufmann

Der Boden

Das Universum unter unseren Füßen

C. Bertelsmann

Wir produzieren
Klimaneutral
ClimatePartner.com/14044-1912-1001
Druckprodukt

MIX
Papier aus verantwortungsvollen Quellen
FSC® C014496
FSC
www.fsc.org

Verlagsgruppe Random House FSC® N001967

2. Auflage

Neumarkter Straße 28, 81673 München
Umschlaggestaltung: Büro Jorge Schmidt, München
Umschlagabbildung: Arctic-Images/DigitalVision/Getty Images;
Carl Allen/shutterstock
Bildredaktion: Annette Baur
Satz: Uhl + Massopust, Aalen
Druck und Bindung: GGP Media GmbH, Pößneck
Printed in Germany
ISBN 978-3-570-10406-4
www.cbertelsmann.de

Dieses Buch ist auch als E-Book erhältlich.

Meinen Eltern

Inhalt

Vorwort

Alles auf Anfang

Denn du bist Erde und sollst Erde werden.

1. Buch Mose 3,19

Waldboden ist ein cooles Zeug. Zu dieser tiefsinnigen Einsicht kam ich mit vier Jahren. Wir wohnten damals in Sichtweite des Voglers, eines jener kleinen, mit Bäumen übersäten Mittelgebirge, die hinter Hannover verstreut liegen und in denen die Zeit langsamer zu vergehen scheint. Für mich und natürlich alle anderen Kinder unserer Straße war es selbstverständlich, uns unter den Bäumen herumzutreiben, die Rotbuchen und Traubeneichen dort als Spielgefährten zu sehen und sie in alle unsere Fantasien einzubeziehen.

Und unsere Fantasie hatte uns im Waldboden einen Schatz entdecken lassen. Mit Sabine, der Nachbarstochter, war ich förmlich über ihn gestolpert. Die Ecke, die da unter dem Laub hervorlugte, gehörte bestimmt zu einer Truhe. Vielleicht von Räubern vergraben, die hier in früheren Zeiten ihr Unwesen getrieben hatten. Bestimmt. In Wirklichkeit handelte es sich natürlich nicht um eine Truhe. Sondern es war ein großer Brocken Buntsandstein, den die Erosion aus dem Untergrund gekratzt hatte. Aber egal. Den mussten wir einfach heben. Schließlich war es ein Schatz. Wir begannen zu wühlen. Erst die Blätter, dann eine krümelige Schicht verrottendes Irgendwas, dann ein Streifen Schwarzes, und schließlich befreiten wir den Stein aus dem lehmig rotbraunen Erdreich. Vielleicht bilde ich es mir ein, aber, wenn ich daran denke, kommt mir immer noch dieser leicht pilzige Geruch in die Nase. Ich sehe das Schwarze unter unseren Fingern und den Unterschied in Lagerung und Textur der verschiedenen Schichten.

Nach der mühsamen Freilegung stellten wir fest, dass der Stein wohl doch eine Nummer zu groß fürs Heimbringen war, und so stiefelten wir ohne ihn die paar Meter nach Hause. Allerdings brachten wir nach Aussagen unserer Mütter den halben Waldboden mit und waren über und über beschmiert mit Fragmenten diverser Bodenschichten. Die Kleider kamen in die Wäsche, und wir wurden in die Wanne gesteckt. Was aus dem Schatz wurde? Der liegt vermutlich immer noch da ...

Kinder haben ein offeneres Gespür für den Boden. Wo viele Erwachsene Dreck, Schmutz, Keime, Pilze, Spinnen und nie wieder herauswaschbare Flecken lauern sehen, eröffnet sich den Kleinen ein Universum.

Kinder lieben den Boden. Nicht nur, dass sie naturgemäß viel näher dran sind, sondern sie erfassen seine Eigenschaften unvoreingenommen. Frische Erde riecht angenehm, sie lässt sich formen, fühlt sich gut an. Man kann sie auftürmen und Löcher in sie graben. Wenn sie feucht ist, gibt es fast nichts Schöneres, als sie zwischen den Zehen durchquatschen zu lassen. Und schließlich finden sich haufenweise spannende Bewohner im Untergrund: Asseln, Spinnen, Regenwürmer ... – mysteriöse Geschöpfe aus einer verborgenen Welt.

Dieses Buch soll seinen Lesern wieder ein Stück Begeisterung für den Boden zurückgeben. Es soll die Schippe sein, mit der Sie und Sie und Sie sich ins Mysterium und in die Bedeutung des Bodens für das Leben auf dem Planeten hineinbuddeln können. Sie glauben, die Tiefsee wäre unerforscht? Die Rückseite des Mondes ein weißer Fleck? Der Kleiderschrank Ihrer Frau/Ihres Mannes eine unerforschte Welt? Dann schauen Sie einmal nach unten. Wenige Zentimeter von Ihrer Schuhsohle entfernt beginnt ein Kosmos, der so unglaublich fremdartig ist. Mit einem einzigartigen Klima. Mit Kreaturen, wie sie Ridley Scott nicht fantasievoller durch Raumschiffe hetzen könnte. Kriegsschauplätze gibt es da. Dramen. Chemielaboratorien, die eines Walter Whites würdig sind. Mit Bündnissen und gewaltigen Wanderungen, die Reisen der Zugvögel wie Kaffeefahrten aussehen lassen.

Mir selbst blieb zunächst nur das Buddeln. Zwar war Gartenarbeit für mich als Jugendlichen nicht mein Ding und Landwirtschaft etwas, um das sich die Verwandten kümmerten. Wenn Onkel Gerd und Cousin Christian vom Pflügen, Bodenpunkten und Mistfahren sprachen, hörte man eben in einem gewissen Alter nur mit halbem Ohr hin. Leider. Doch bei der Bundeswehr gehörte die Ausbildung zum Buddeln einfach dazu. Das Schanzen mit Erdarbeitsgerät ist seit Jahrtausenden grundlegendes Soldatenhandwerk. Die Römer taten es jeden Abend nach einem Tagesmarsch. Vielleicht nicht gerne, aber in jedem Fall sehr versiert. Stollen unter Mauern zu treiben, Gräben zu ziehen und natürlich Gefallene zu verscharren blieb auch die nächsten Jahrhunderte im Anforderungsportfolio eines jeden Kriegers. Vor allem im Ersten Weltkrieg wurde das Wühlen zum Sinnbild des Schreckens. Der Boden reduzierte sich auf Schutz und Grab.

Die Waffen mögen sich ändern, das Graben bleibt. Als ich meinen Wehrdienst ableistete, habe ich den bayerischen Boden um Bad Reichenhall verflucht. Die zähe Masse, die schwer und feucht am Klappspaten pappte. Der Lehm, der die Haut austrocknete. Die unzähligen Steine und Wurzeln, die einen daran hinderten, das Loch noch ein paar Zentimeter tiefer zu machen. Vor allem dachte ich: Wie kriege ich den Dreck je wieder aus der Uniform?

Der Dreck ging vorbei, genau wie der Wehrdienst, das Studium begann. Forstwissenschaften in Göttingen. Und auch hier wieder Buddeln. Denn wer denkt, der Förster sieht nur den Bäumen beim Wachsen zu, ist auf dem Holzweg. Der Untergrund ist entscheidend, ob der Wald so aussieht oder so. Der Wald ist quasi die Summe aus Boden, Luft, Wasser und Pflanze, und den Löwenanteil daran macht die Erde aus, auf der Fichte, Kiefer, Tanne, Buche, Esche oder Eiche stocken. Zu sehen und zu verstehen, wie alles ineinandergreift, einschließlich der historischen, wirtschaftlichen und sozialen Komponenten, war ein Erweckungserlebnis. Es hat klick gemacht. Ziemlich laut.

Und der sogenannte Lochschein fürs Vordiplom war ein wesentlicher Bestandteil davon. Denn nach der Vermittlung theoretischer Grundlagen der Geologie und Bodenkunde ging es ins Feld beziehungsweise in den Wald. Woche für Woche trafen wir uns in verschiedenen Waldgebieten, an verschiedenen Standorten, wie der Bodenkundler sagt, rund um Göttingen und gingen in den Untergrund. Allerdings stand vor der Wissenschaft der Schweiß. Denn um den Boden zu untersuchen, mussten wir Löcher graben – Einschläge nennt das der Bodenkundler. Mehr oder weniger viereckig, gut einen halben Meter tief, mit sauber abgestochenen senkrechten Flächen.

Dem Kundigen eröffnet sich an so einem Einschlag ein Buch, in dem er lesen kann. Selbst wir Studenten haben auf Anhieb die verschiedenen Schichten erkannt; der Blätterauflage folgte eine Humusschicht, dann Brauntöne. Manchmal war es zuerst eine dicke Schicht Nadeln, darunter wurde die Erde grau. Und an einigen Stellen lag lediglich eine durchgängige Menge fluffigen Mulls über dem Kalkstein.

Die Schichten verraten viel: über das Ausgangsgestein, ob es viel regnet, was oben wächst ... Und für all die Eigenschaften haben Wissenschaftler eine wunderbare Sammlung von Fachausdrücken. Da charakterisieren Buchstabenkombinationen Bodentypen, und komplexe Gleichungen bilden die chemikalischen und physikalischen Prozesse dort unten ab. Einiges werde ich Ihnen als theoretisches Rüstzeug mitgeben. Versprochen.

Nüchtern betrachtet ist schnell aufgezählt, was in einem Boden steckt. Wer ein Kochrezept fürs Bodenbacken sucht – bitte: Praktischerweise hat Ihr Kuchen ein einfach zu handhabendes Maß von 100 mal 100 mal 100 Zentimetern. Man nehme also für einen Kubikmeter Boden 47 Prozent Mineralien, das heißt beispielsweise Silikate und Karbonate, würze das mit 3 Prozent organischem Material, also Pflanzenresten, Tierchen, Pilzhyphen, dazu reichlich 25 Prozent Wasser, und lasse in dem Würfel 25 Prozent Luft drin. Dann die Form zumachen und schütteln. Haben Sie jetzt einen Boden? Mitnichten. Sie haben die richtigen Zutaten, aber diese sind ohne Leben vermengt. Denn Boden ist mehr als nur die Summe seiner Teile.

Kein Wunder, dass sich Definitionen von Boden daran abarbeiten. So steht im Scheffer/Schachtschabel, dem Lehrbuch für Bodenkunde schlechthin: »Ein Boden ist Teil der belebten obersten Erdkruste; er ist nach unten durch festes oder lockeres Gestein, nach oben durch eine Vegetationsdecke bzw. die Atmosphäre begrenzt, während er zur Seite gleitend in benachbarte Böden übergeht.«

Das Bundesbodenschutzgesetz geht noch etwas weiter: »Boden im Sinne dieses Gesetzes ist die obere Schicht der Erdkruste, soweit sie Träger der in Absatz 2 genannten Bodenfunktionen ist, einschließlich der flüssigen Bestandteile (Bodenlösung) und der gasförmigen Bestandteile (Bodenluft), ohne Grundwasser und Gewässerbetten.« Zu den Funktionen gehört neben der Tatsache, dass Boden Lebensgrundlage für uns ist, auch, dass er »Abbau-, Ausgleichs- und Aufbaumedium für stoffliche Einwirkungen auf Grund der Filter-, Puffer- und Stoffumwandlungseigenschaften, insbesondere auch zum Schutz des Grundwassers« darstellt. Zudem sei er Archiv für Kultur und Rohstofflagerstätte, »Ver- und Entsorgungsstätte«.

Doch beide Definitionen sind Beschreibungen, die nicht wirklich dem Boden gerecht werden. Auch ein Mensch kann anhand seiner chemischen Bestandteile, seiner Funktionen und Möglichkeiten beschrieben werden. Aber dabei fehlt immer das lebende Element. Genauso wie der Mensch keine Maschine ist, ist Boden nicht nur Substrat. Boden lebt, er atmet, indem Gase ein- und ausströmen, er schwitzt, trinkt, hat Durst. So wie wir bietet er unzähligen Lebewesen eine Heimat. Boden lässt sich aber auch unter Druck setzen, durch Chemikalien vergiften, töten, wenn man so will. Ja, auf seine Weise lebt Boden.

Das macht einen Teil seines Mysteriums aus.

Hinzu kommt, dass auch Berge von Papier, Terabyte an Daten und Heerscharen von Forschern eines nicht mit Sicherheit sagen können: was wirklich wenige Zentimeter vom Tageslicht entfernt abgeht. Denn der Boden ist eine verschlossene Kapsel mit eigenen Regeln, die wir nie beobachten können, weil sie just in dem Moment zerstört ist, in dem wir sie uns eröffnen. Sobald wir die Schaufel ansetzen, verletzen wir das Gefüge, stören die lichtscheuen Lebewesen, verändern die Grundbedingungen, nach denen das System arbeitet. Wir können uns dem Boden nur nähern. Zugegeben ziemlich gut.

Aber das hat eben Grenzen. Den Boden zu verstehen ist für uns schwierig, weil wir zu groß sind und übers Sehen funktionieren, und im Boden sind andere Sinne gefragt. Wir können fliegen und ahnen, wie sich ein Vogel fühlt. Wir können schwimmen und das Wasser spüren. Aber die Welt eines Springschwanzes, eines Maulwurfs bleibt uns fremd. Wir sind nicht mal als Gäste zu der unterirdischen Party zugelassen. Erst wenn der Mensch tot ist und auf dem Friedhof liegt, könnte er hautnah erleben, wie gut sich das Leben im Erdreich organisiert hat. Nur, erzählen wird niemand mehr davon.

Wenn Sie sich vorstellen möchten, wie sich Bodenlebewesen fühlen, schließen sie die Augen. Nehmen wir an, Sie sind ein

Pseudoskorpion, einer der interessantesten Bewohner des Erdreichs. Außerdem haben sie zwei beeindruckende Scheren. Sie sind in einem großen Irrgarten, der nach oben, unten, rechts und links Öffnungen hat. Sie sehen nichts. Mal können Sie die Wände spüren, mal ahnen Sie regelrechte Hallen um sich herum. Von überallher stechen kleine und größere Wurzeln auf Ihren Weg ein. Und Sie horchen, fühlen und schmecken die Luft. Oder Sie wollen sich fühlen wie ein Regenwurm. Vielleicht ist dafür ein Bällebad eine gute Methode. Durch das Sie sich durcharbeiten. Natürlich ohne die Arme zu benutzen und in absoluter Finsternis.

Der Boden und seine Bewohner sind uns so fremd geworden. Früher, als die meisten Menschen noch Bauern waren, hatten sie zumindest einen engen Kontakt zur Erde. Auch wenn sie die Zusammenhänge zwischen guten Ernten und dem Umgang mit dem Acker nicht bis ins Detail verstanden haben.

Für uns heute ist Boden weit weg. Wir haben die allermeiste Zeit keinen Zugang. Unsere Wohnungen sind schon lange nicht mehr aus gestampftem Lehm, und auf dem Weg ins Büro gehen wir über eine künstliche Versiegelung der Erdkruste. Selbst das Gemüse im Supermarkt scheint ohne Erdreich gewachsen zu sein, so sauber ist es.

Um den Boden können wir ohne Probleme einen Bogen machen. Was schade ist, denn ohne Kontakt verlieren wir noch schneller das Gefühl für diesen Quell allen Lebens. Erde ist nicht tot, sie ist kein unbelebtes Ding wie eine Tischplatte, kein homogenes Material wie eine Fliese oder ein Stück Teppich. Sie ist auch nicht nur Schmutz. Sie ist eine dünne Kruste, die Leben spendet. Das vergessen wir heute viel zu schnell.

Die Menschen, deren Beruf die Auseinandersetzung mit dem Boden notwendig macht, sind zwar genauso wie diejenigen, die es in ihrer Freizeit tun, für sich genommen eine Minderheit. Doch was sie tun, berührt uns alle; sei es, dass sie Nahrung produzieren oder dass sie Straßen und Häuser bauen. Rund eine Million Menschen beackern in Deutschland berufsmäßig Felder und Wälder, dazu kommen Bodenkundler, Tiefbauer, Architekten, die alle wissen wollen, was unten abgeht. Und schließlich gibt es noch Hobbygärtner. Neben der rund einen Million, die in Kleingartenvereinen organisiert sind, noch ungezählte Gartenfreunde, für die Boden eine tiefere Bedeutung hat, anstatt bloße Standfläche zu sein. Das sind Menschen, die ihren Garten nicht nur zum Aufstellen einer Liege nutzen, sondern regelmäßig experimentieren und gestalten, um etwas zu ernten.

Auch für diejenigen, die sich die Hände nicht schmutzig machen wollen, bleibt der Dreck unter unseren Füßen das Fundament. Das Bild aus der Bibel trifft es ganz gut: Gott hat den Menschen aus Erde gemacht. Und am Schluss wird er wieder zu Erde. Im Grunde sind wir also richtige Bodenlebewesen.

TEIL I

Von der Natur des Bodens

Kapitel 1

Am Anfang war kein Boden

»We learn Geology the morning after the earthquake.«
Ralph Waldo Emerson

Es war Herbst, das Meer rollte mit der ihm typischen Beharrlichkeit auf Islands Südküste zu. Welle um Welle. Grau, Blau, in Dutzenden Varianten mit weißen Krönchen. Das Land scherte sich nicht darum. So war es immer schon gewesen, und so würde es bleiben. Ebenso unbeeindruckt gingen die Männer an Bord des Fischerboots *Ísleifur II* an diesem Morgen ihrer Arbeit nach. Kristian Guðmundsson, Egill Egilsson und sein Bruder Kristian warteten auf den Fang, der ihnen ins Netz gehen würde. Sie ahnten nichts, als sie an jenem 14. November 1963 über die Reling blickten. Dieser Tag, der so unspektakulär angefangen hatte, ließ sie allerdings zu Zeugen der Erdgeschichte werden. Unaufgeregt deutete es sich an. Zunächst. Doch das Meer vor ihnen war anders als sonst. Sie kamen näher. Die See schien zu kochen, es zischte, dampfte, brodelte. Etwas Großes ging da unten vor. Etwas Unheimliches. Noch mehr als 500 Meter entfernt war die Luft spürbar wärmer als üblich. Wie das ferne Strahlen eines großen Feuers, eines verdammt großen Feuers. Und es schien kein Ende nehmen zu wollen.

Stunden später hatte das Feuer die Meeresoberfläche durchbrochen. Asche und Lava spuckten die Wellen aus. Immer höher. Mehr als sechs Kilometer ragte die Säule aus dem Erdinneren schließlich in den Himmel. Lud Ladung um Ladung ab, aus einem rauchenden Punkt im Meer wurde eine Insel – und ein Modell für die Evolution eines Lebensraums.

»Surtsey« wurde das Eiland genannt, nach Surtur dem Schwarzen aus der nordischen Mythologie, der entschiedener Feind der Götter und Herrscher von Muspelheim war. Ein Feuerriese. Und genau der schien hier am Werk zu sein. Statt zu einer geologischen Fußnote zu werden, weigerte sich Surtsey beharrlich, wieder unterzugehen. Die Fischer rieben sich die Augen. So etwas hatten sie noch nie gesehen und würden so etwas hoffentlich auch nicht wiedersehen. Sie drehten bei.

So ungewöhnlich es für die Fischer auch gewesen sein mag – mit Vulkanen und unruhigem Untergrund hatten die Isländer schon immer ihre Erfahrung machen können. Die ganze Insel ist von den Feuerbergen geprägt. Immer wieder kommt es zu Ausbrüchen, heiße Quellen gehören beinahe zum Alltag. Auch Surtsey ist nicht ganz unerwartet erschienen; zwei Tage vorher hatte sich die Öffnung der Hölle bereits angedeutet; die Bewohner des Dorfes Vík in Mýrdal, unweit von Surtsey, bemerkten einen eigentümlichen Geruch von See her. Es roch nach Schwefel und verhieß nichts Gutes. Besser man blieb wachsam. Und 48 Stunden später war bereits eine zehn Meter hohe Insel dort, wo eben noch Meer hin und her schaukelte.

Auch für die berufsmäßig an solchen Naturerscheinungen Interessierten war es etwas Besonderes. In der globalen Wissenschaftsgemeinde verbreitete sich die Nachricht binnen Stunden. Schon bald umkreisten Flugzeuge und Schiffe die neue Insel, war es doch die erste und beste Gelegenheit, so etwas in Echtzeit mitzuerleben. Vulkanologen, Botaniker, Zoologen … alle waren sie aus dem Häuschen, konnten sie doch hier live miterleben, wie eine neue Welt Gestalt annahm. Ein ungeplantes Freiluftexperiment mit ungewissem Ausgang begann. Die Forscher mussten nichts weiter tun, als die Augen offen zu halten.

Es lohnte sich, die Insel fortan akribisch zu beobachten. Wie würde der Auswurf des Feuerriesen sich entwickeln? Wie würde die Insel aussehen? Pate war das Meer. Praktisch ab dem Moment ihrer Geburt trug es alles Notwendige für das Leben auf Surtsey heran: Sand, Pflanzenreste, Mikroben, selbst mehrzellige Bewohner brachte die See. Was sonst versunken oder weiter abgetrieben wäre, schaukelte jetzt an das noch junge, heiße Gestein. Es zischte, bis die Oberfläche kühl genug für das Leben war. Schnell entwickelte sich aus dem sterilen Untergrund eine Art Protoboden, die Grundlage allen Lebens. Surtseys Karriere als lebensfeindlicher Haufen war kurz und schnell wieder zu Ende. Bereits 1965 klammerten sich erste höhere Pflanzen an das erkaltete Gestein.

Heute, mehr als 50 Jahre später, ist Surtsey immer noch komplett unter Beobachtung. Immer noch verändert sich das Eiland. Es ist immer noch ein unwirtlicher Ort, an dem verschiedene Grautöne und harte Linien das Bild bestimmen. Und auch wenn es nur ein Katzensprung von Island aus ist, waren doch weniger Menschen auf Surtsey als auf dem Mount Everest. Nicht einmal hundert sollen ihren Fuß seit der Entstehung daraufgesetzt haben. Schon 1965 wurde Surtsey zum Naturschutzgebiet erklärt. Außer einer begrenzten Zahl von Forschern darf niemand die Insel betreten. Dieses einzigartige Labor der Natur soll möglichst unverfälscht bleiben.

Ähnlich wie auf Surtsey lässt sich das Wachsen einer Bodenkrume auch auf und in der Nachbarschaft von anderen Vulkanen beobachten. Nach einer Katastrophe, bei der Lava und Asche alles unter sich ersticken, nachdem Explosionen und pyroklastische Ströme die Ökosysteme nahezu sterilisiert haben, erhält die Natur einen regelrechten Schubs. Aus leblosem Material wird etwas Lebendiges. Etwas sehr Lebendiges, und seit alters her sind die fruchtbaren Böden an den Hängen der Feuerberge bei Bauern eine beliebte Wachstumsgrundlage.

Der Grund dafür ist einfach: Was das Erdinnere ausgespien hat, ist extrem reich an Mineralien, die so wichtige Nährelemente wie Natrium, Kalium und Phosphor enthalten.[1] Zudem hat das Material oft eine besondere Struktur, in der Pflanzen gut wurzeln können. Deswegen nehmen Bauern das Risiko immer wieder in Kauf, dass ihnen ein Vulkan beim nächsten Ausbruch die Früchte ihrer Arbeit wieder wegnimmt.

Beispiele gibt es zuhauf. Der Vesuv bei Neapel ist nicht nur ein Killer, der bei seinem legendären Ausbruch im Jahr 79 nach Christus Pompeji und Herculaneum vernichtet hat. Er wirkt auch als Lebensspender, im Grunde ist diese Ecke Italiens nämlich eher unfruchtbar. Doch die zahlreichen Ausbrüche haben die Bedingungen für Landwirtschaft extrem verbessert. Wein und Gemüse wurden bereits seit der Antike dort angebaut. Auf Fresken, die in den verschütteten Städten gefunden wurden, zeigt sich, dass der Vulkan fast bis zum Gipfel mit Weinreben und Pinien bewachsen war.

Auch Lanzarote zeigt, dass das Zerstörerische schöpferisch sein kann. Auf der Vulkaninsel im Atlantik haben seit 36 Millionen Jahren Eruptionen immer mehr Lava, Asche und Schlacke angehäuft und ihr eine überaus markante Landschaft beschert. Eine der Spezialitäten Lanzarotes ist der Weinbau auf kleinen Steinchen, den Lapilli. Das sind zersprengte Reste von Vulkanausbrüchen. Und die feinporigen Asche- und Schlackesteinchen können Wärme, die sie während des Tages gespeichert haben, wieder abgeben und im Gegenzug nachts Feuchtigkeit aus der Luft aufnehmen. Ein klarer Standortvorteil auf der ansonsten recht trockenen Insel.

Auch die junge Erde war im Wesentlichen eine Ansammlung von Vulkanen, von Lavaseen, geschmolzenem Fels. Unterm Strich eine ziemlich lebensfeindliche Landschaft, die nicht im Traum an das hübsche blau-grüne Plätzchen denken ließ, das unser Planet heute ist.

Allein diese Erkenntnis ist im Verhältnis zur Erdgeschichte keinen Wimpernschlag alt. Jahrhundertelang waren die unermesslich großen Zeiträume, in denen das Facelifting der Erde abläuft, schlicht nicht vorstellbar. Und ehrlich gesagt sind sie es noch heute kaum. Wer kann sich denn ausmalen, was es bedeutet, eine Million Jahre lang zu warten? Eine Stunde, ja. Ein Jahr, okay. Doch schon 100 Jahre fallen fast aus unserem Horizont. Erdgeschichtliche Zeitalter aber sind außerhalb unserer Vorstellungskraft. Warum auch? Evolutionär betrachtet ist alles, was jenseits einer Generation liegt, für uns als Einzelne nahezu irrelevant. Der menschliche Verstand ist eben nicht dafür gemacht, in langen, in wirklich langen Zeiträumen zu denken.

Nimmt man 30 Jahre für eine Generation, dann ist die Eroberung Jerusalems durch ein Kreuzfahrerheer im Jahr 1099 gerade einmal 30 Generationen her, das heißt, unsere eigenen Urururururururururururururururururururururururururururururgroßväter könnten seinerzeit in der Sonne Palästinas geschwitzt und sich wieder in die erträgliche Kühle zwischen Nordsee und Alpen gesehnt haben. Das ist schwer vorstellbar und schon recht unübersichtlich, nicht? Noch einmal ungefähr 30 Generationen ist es her, dass im selben Landstrich Jesus mit dem römischen Imperium aneinandergeriet. Und bereits mehr als 2300 Generationen mussten leben und sterben, seitdem der Mensch vor 70 000 Jahren aus den Savannen Ostafrikas zu seiner großen Welttournee aufgebrochen ist.

Aber das ist noch nichts im Vergleich zu den Zeiträumen, die es beispielsweise braucht, um biologische Innovationen wie Flügel, Beine, ein großes Gehirn voranzutreiben oder aus umhervagabundierenden Elementen komplexes Leben zusammenzusetzen; und gar für die Erde, ihre Kontinente hin- und herzuschieben oder jene Böden bereitzustellen, in denen heute unsere Erdbeeren oder Rosen gedeihen. Daran, wie die Erdoberfläche so geworden ist, wie wir sie kennen, haben Menschen lange geknobelt. Denn das Gestein ist gleichsam der Grundstoff, auf dem Böden aufgebaut sind. Die Elemente, die Art der Minerale und die Zusammensetzung der Gesteine sind entscheidend für den Charakter eines Bodens. Und es dauert, bis aus nacktem Fels fruchtbare Erde entstanden ist.

»Ewigkeit ist, wenn man versucht, den Himalaya abzutragen, indem man mit einem Gazeschleier alle zehntausend Jahre einmal über ihn darüberstreicht«, heißt es in einem asiatischen Sprichwort. Das ist verdammt lang und wenig hilfreich. Ein gängiges und anschaulicheres Mittel ist es, die Zeit auf ein Modell zu übertragen, einen 24-Stunden-Tag beispielsweise. Danach passierte die ersten neun Stunden in Sachen Leben nichts, daran änderte sich weitere zwölf Stunden nicht viel. Doch immerhin hatten sich bis dahin erste Vielzeller entwickelt. Das heißt, aus herumflottierenden Kohlenstoffmolekülen organisierte sich Leben und begann, die Evolutionsleiter emporzuklettern. Fische sind nach zwei weiteren Stunden aufgetaucht, die ersten Urmenschen zehn Minuten vor Mitternacht. Unsere Spezies, den *Homo sapiens*, gibt es erst seit den letzten zwei Sekunden. Und unsere Kultur ist nicht mal einen Wimpernschlag lang im Vergleich zum Alter der Erde. Auf diese Weise wird unsere Geschichte im Vergleich zur Erdgeschichte bedeutungslos. Anders ausgedrückt: 150 000 000 Menschengenerationen sind seit der Entstehung unserer Welt vergangen. Und wir überblicken bestenfalls die letzten paar Tausend.

Es ist kein Wunder, dass sich niemand bis in jüngste Zeit mit seinen Schätzungen über das Alter der Erde auch nur annähernd dem tatsächlichen Alter näherte. Und weil wir beim Gedanken an erdgeschichtliche Zeiträume schnell Knoten in die Gehirnwindungen bekommen, haben unsere Schöpfungsmythen schon allein in Sachen Dauer des ganzen göttlichen Gebastels die eine oder andere Schwachstelle. Die Geschichte der Erde und ihrer Geologie ist damit noch verwirrender als die

Geologie selbst. Zu langsam geschieht alles in unserem Maßstab. Meistens.

Dabei ist die Frage nach dem Alter der Erde wichtig, wenn man der Antwort näher kommen will, wie die Erde überhaupt zu dem wurde, was sie ist. Im 17. Jahrhundert glaubte man es denn auch genau zu wissen, wann die Welt ihren Anfang genommen hatte: »Dieses Werk fand statt, und der Mensch wurde von der Dreifaltigkeit erschaffen am 23. Oktober 4004 vor Christus um neun Uhr am Morgen.« Das behauptete zumindest der irische Theologieprofessor James Ussher. 1650 hatte er für die Schöpfung einen recht genauen Hergang errechnet. Es war ein Sonntag, war sich Ussher sicher. James Ussher kam bei seinen Überlegungen auf 4004 Jahre vor der Zeitenwende, weil er davon ausging, dass Jesus eben nicht im Jahr null, sondern vier Jahre früher geboren wurde. Und was das Oktober-Datum (nach julianischem Kalender) betrifft, eine Berechnung, die scheinbar auf Wissenschaft fußte, so hätte er genauso gut irgendein anderes Datum annehmen können.

So seltsam heute diese Präzision anmutet, so gang und gäbe war sie doch. Eine ganze Reihe von klugen Köpfen seit dem heiligen Beda im frühen Mittelalter kam mehr oder weniger auf ein Alter der Erde von 6000 Jahren. Ussher und seine Kollegen hatten einfach die Bibel wörtlich genommen, nicht als Kanon willkürlich zusammengefügter Texte, als immer wieder übersetzter und veränderter Quell religiöser Unterweisungen und Beispiele gottgefälligen Tuns, sondern für sie war sie schlicht das Wort Gottes. Da man dem Schöpfer keinen Fehler zutraute, konnte man die Daten guten Gewissens übernehmen. Beispielsweise wurden die exakt verzeichneten Altersangaben von Adam bis Salomon addiert, schließlich andere Daten aus persischen und römischen Quellen sozusagen als Pflöcke in ihrer Zeitskala benutzt, und so hangelte man sich immer weiter in die Vergangenheit. Doch die Schwächen lagen auf der Hand.

Wie wahrscheinlich muss es einem klugen Menschen vorgekommen sein, dass selbst ein mit bester Gesundheit gesegneter Mann wie Methusalem, der mit 187 Jahren noch Vaterfreuden erlebte, wirklich 969 Jahre alt wurde?

Allein die verschiedenen Bibelversionen machten das Ganze zu einem Ratespiel. Die Septuaginta genannte Fassung etwa gilt als älteste griechische Übersetzung der hebräischen Thora. Und mit ihr kamen Gelehrte in der Antike auf das Jahr 5508 vor Christus als Nullpunkt der Schöpfung.[2]

Natürlich gab es auch kritische Stimmen, doch war es nicht unbedingt die Epoche, die Bibel als historische Quelle in Zweifel zu ziehen. Und warum auch? Es passte doch. Irgendwie.

Die Zeitrechnung war von alters her eine verwirrende Angelegenheit. Zumal sie für die meisten Menschen keine Bedeutung hatte, zählte für sie doch im Wesentlichen, dass es neben einer kalten eine warme Jahreszeit gab.

Rund ein Menschenalter nach Ussher stellte Sir Isaac Newton seine eigene Berechnung vor, bei der er Bibeldaten und astronomische Daten miteinander verband. Schließlich war er ein Mann der Wissenschaft. Und, wie sollte es anders sein, auch der geniale Gelehrte lag sehr, sehr, sehr weit daneben. Seine Erde war sogar noch mehr als 500 Jahre jünger als die von Ussher.

Und weil schon die Zeit so schwer fassbar war, wie sollte man mit dem scheinbaren Wirrwarr in der Landschaft umgehen – den gestürzten Gesteinsschichten, den Wellen im Fels und dem Nebeneinander von Mineralien? Einfache Erklärungen waren angesagt. Wie anders konnten Fossilien von Muscheln gedeutet werden, die auf Bergen zu finden waren, als mit einer gewaltigen Flut? Eben jener Sintflut, von der die Bibel doch so eindringlich berichtete. Nichts ist einfacher, als sich einen Schöpfer vorzustellen, der wie ein Uhrmacher in seiner Kammer sitzt und die Welt zusammenfügt; einschließlich versteinerter Knochen, Berggipfel, Meere und dem uns umgebenden Bestiarium.

Mehr als 2000 Jahre lang fragten sich Menschen, wie die Erde zu ihrem Gesicht kam. Immer wieder waren dabei Einzelne der Lösung des Rätsels ein Stück näher gekommen. Einer der frühen Beobachter war der Grieche Xenophanes von Kolophon. Er vermutete, dass versteinerte Muscheln sich deswegen im Gebirge finden lassen, weil die Berge sich einst aus dem Wasser erhoben hatten. Sein vielversprechender Ansatz ist allerdings wieder in der Versenkung verschwunden.

Natürlich äußerte sich Aristoteles zum Thema. Wie ohnehin zu fast allem. Der Grieche vermutete, Minerale und Metalle seien Ausdünstungen der Erde. Punkt. Zum Leben hatte er auch seine Ideen; es könnte aus feuchter Erde entstanden sein. Immerhin habe sich dieses niedere Leben dann zu höherem Leben weiterentwickelt. Seine Theorie der Urzeugung hatte noch im 19. Jahrhundert ihre Anhänger.

Auch der persische Universalgelehrte Ibn Sina (latinisiert als Avicenna bekannt) hat sich im 11. Jahrhundert zur Geologie geäußert. In seinem *Kitab es-Schifa*, dem *Buch des Heilmittels*, schreibt er über die Entstehung von Steinen. Sie könnten das Produkt einer Erstarrung oder einer Austrocknung sein. Sein Ansatz war ein anderer als der vieler griechischer Naturkundler: Statt ein Problem theoretisch zu zerpflücken, beobachtete er und zog dann seine Schlussfolgerungen. In seiner Jugend habe er an einem Fluss gesehen, wie aus Lehm binnen 23 Jahren Stein wurde. Seiner Ansicht nach gab es zwei Arten, wie Berge entstehen. Entweder durch Erdbeben, die das Gestein emporheben und verwerfen. Oder durch Wasser, das gleichermaßen die Berge aus der Oberfläche herausschälte. Notwendig sei dafür aber ein langer Zeitraum, so vermutete Ibn Sina.

Doch wirklichen Erkenntnisgewinn gab es seit der Antike kaum. Grundsätzlich war man sich einig: Alles Inventar des Planeten war seit Anfang an da und bereit, genutzt zu werden. Erst mit der Neuzeit kam langsam Bewegung in die Sache. Ein

Sachse gilt dabei als Vater der Geowissenschaften. Georgius Agricola, der eigentlich Georg Pawer hieß, versammelte das Wissen um die Geologie in seinen Werken. Damit schuf er quasi das Fundament für die nächsten Jahrhunderte. In Büchern wie *De ortu et causis subterraneorum* in fünf Bänden oder *De natura eorum quae effluunt ex terra* in vier Bänden beschäftigte er sich beispielsweise mit der Entstehung von Erdbeben, dem unterirdischen Wasser und ähnlichen Dingen. So bebte seiner Ansicht nach die Erde, weil unter der Oberfläche eingeschlossene Gase nach oben drängten. Wenn sie ein Ventil suchten und dabei im Untergrund hin und her waberten, würden sie Erdbeben auslösen. Der Planet hat Blähungen.

Doch warum die Erde so aussah, wie sie aussah, warum manchmal über große Entfernungen hinweg dieselben Formationen gefunden wurden, vermochte im 17. Jahrhundert niemand zu sagen. Es war einfach so. Erst ein Däne brachte Licht ins Dunkel. Niels Stensen, der sich, den Usancen seiner Zeit gemäß, latinisiert Nicolaus Stenosis oder auch Steno nannte, war eigentlich Arzt und Theologe - und ein helles Köpfchen. Schon als Mediziner galt er als Koryphäe seiner Zeit. Seine anatomischen Schriften und Vorlesungen waren berühmt und hatten ihn bereits durch halb Europa geführt. 1666 besuchte er Italien, machte in Rom Station, in Pisa und schließlich in Florenz. Dort wurde er Leibarzt des Großherzogs von Toskana, Ferdinands II. de' Medici. Der Großherzog ließ seinem Medicus alle Freiheiten, und so konnte sich Steno der Erde widmen. Ein Hobby, dem er sich schon während seiner Europatouren fleißig gewidmet hatte.

Ein Zufall brachte den vielseitig Interessierten auf eine bahnbrechende und beinahe ketzerische Idee. Ein Haifischkopf aus Livorno wurde ihm zu Studienzwecken gebracht. Dabei fiel dem Anatom auf, dass die Zähne des Fisches den sogenannten Zungensteinen ähnelten, die man manchmal in Steinen fand.

Er schlussfolgerte, bei diesen seltsam geformten Steinen könne es sich um die Überreste längst verstorbener Haie handeln. Unglaublich, galten doch solche Formen und Fossilien generell als Laune der Natur, als Auswüchse der Erde. Doch damit nicht genug. Was war dann mit den Muscheln, die man an Land, oft weit entfernt vom Meer, finden konnte? Waren sie wirklich Relikte der Sintflut? Zumal sie oft tief im Gestein verborgen waren. Wie hätten sie da hineinkommen sollen?

Die Beobachtungen, die er auf seinen Reisen und im Apennin, in der Nachbarschaft von Florenz, gemacht hatte, fügten sich zusammen. Wenn unterschiedliche Gesteinsschichten übereinanderlagen, so sagte er sich, dann müssen sie zu unterschiedlichen Zeiten abgelagert worden sein. Und zwar die ältesten Schichten zuunterst.

In seinem Buch *De solido intra solidum naturaliter contento dissertationis prodromus*, zu Deutsch *Vorläufer einer Abhandlung über Festes, das in der Natur in Festem eingeschlossen ist*, fasste er seine Gedanken zusammen. Gesteine haben demnach ihren Ursprung in Sedimenten, die vom Meer abgelagert wurden. Die Schichtung erfolgt immer parallel zum Horizont. Steno ging noch weiter: Wenn sich solche Formationen glichen, obwohl sie an verschiedenen Stellen gefunden wurden, so seien sie durch geologische Ereignisse voneinander getrennt worden. Das Gleiche galt für den Fall, dass sie verbogen, gebrochen, verschoben waren. Steno stellte fest, dass es Kräfte gab, die der Erde ihr Gesicht gaben. Vielleicht war Gott zumindest anders an der Gestaltung beteiligt, als es die Heilige Schrift glauben machte.

Dennoch mochte er der Bibel noch eine Chance geben; im Apennin bemerkte er auch, dass die unteren Schichten keine Fossilien enthielten, die oberen hingegen schon. Er erklärte das damit, dass die unteren Schichten eben vor der Schöpfung des Lebens und die anderen zu Zeiten der Sintflut entstanden sein müssten. Dass der Höhenzug aufgeworfen wurde, weil Afrika mit Europa zusammengestoßen ist, hat er nicht einmal ahnen können.

Steno glaubte, dass letztendlich sämtliche geologischen Erscheinungen durch Ablagerung, Erosion und Verwerfungen erklärbar seien. Vom Glauben wollte er allerdings noch nicht so recht lassen und beschäftigte sich fortan mehr mit Kirchendingen.

Ein Deutscher ist da im folgenden Jahrhundert deutlicher geworden: Georg Christian Füchsel untersuchte die Berge zwischen Harz und Thüringer Wald. in seiner Schrift *Geschichte des Landes und des Meeres, aus der Geschichte Thüringens durch Beschreibung der Berge ermittelt* von 1761 stellte er fest, dass die Bibel doch nicht so genau zu nehmen sei. Natürlich sagte er das diplomatischer: »Die Art und Weise, wie die Natur bis zur heutigen Zeit wirkt und Körper hervorbringt, ist als Norm zu setzen; eine andere kennen wir nicht.« Klingt doch freundlicher, als »Gott war es nicht« zu sagen. So wie heutzutage Gesteine gebildet werden, wurden sie es auch schon früher. Man kann also aus der Beobachtung der Gegenwart auf vergangene Ereignisse zurückschließen. Wenn beispielsweise Wellen ein bestimmtes Muster im Sand schaffen und dieses Muster auf einem Stück Sandstein auftaucht, ist es naheliegend, dass dort in längst vergangenen Zeiten ebenfalls Wellen den Sand modelliert haben. Dieses Prinzip heißt Aktualismus und ist mittlerweile grundlegend für die Geologie.

Ein Schotte war es allerdings, der diesem Prinzip zum Durchbruch verhelfen sollte. James Hutton hieß der Mann und war mit Geld und einer guten Auffassungsgabe gesegnet. Er war fasziniert von den Formationen in der Landschaft, die ihn umgab. Auch er glaubte nicht daran, dass die Erde in rund 6000 Jahren zu dem wurde, was sie ist. Nicht einmal 75 000 Jahre, wie ein anderer Gelehrter mittlerweile meinte, könne sie alt sein. Sondern viel, viel älter. Anders seien diese Formen nicht zu erklären. In seinem Buch *A Theory of the Earth* schließt er: »Das Ergebnis dieser Untersuchung ist, dass wir keine Überbleibsel eines Anfangs finden – und keine Aussicht auf ein Ende.« Hutton zufolge ist es ein Kreislauf, bei dem Felsen zu Boden werden, ins Meer gelangen, sich wieder ablagern und zu Felsen werden. Vulkane und Vorgänge im Erdinneren spielen bei ihm jedoch eine wichtige Rolle.

War die Erde nun von Wasser oder von Feuer geprägt? Es entspann sich ein Streit um die richtige Theorie, ein Streit zwischen Neptunisten und Plutonisten. Hutton vertrat eher die Ansicht der Plutonisten, wonach es hauptsächlich vulkanische Kräfte seien, die für die Gesteine verantwortlich sind.

Dem widersprach Abraham Gottlob Werner. Ein Deutscher, der an der Bergakademie Freiberg in Sachsen forschte und lehrte. Seiner Ansicht nach hatten sich die verschiedenen Formationen im Urmeer gebildet. Er glaubte – und weil er ein angesehener Wissenschaftler war, glaubten es viele mit ihm –, dass der ursprüngliche Meeresspiegel immer weiter gesunken war und dabei Schicht um Schicht ausgefällt wurde. Vulkane waren eher Randerscheinungen – zu vernachlässigen und möglicherweise durch unterirdische Kohlebrände ausgelöst.

Die Theorie übte einen gewissen Charme aus, schließlich konnte man doch in ihr sogar die Sintflut irgendwie unterbringen. Unter ihren Anhängern waren unter anderem Alexander von Humboldt und Johann Wolfgang von Goethe. Goethe war eben nicht nur ein Dichter, sondern auch qua herzoglichem Amt und Interesse in Naturwissenschaften und insbesondere in der jungen Geologie bewandert. Er war gegen Ende des 18. Jahrhunderts auch Bergrat in Weimar. Exkursionen führten ihn nicht nur in den Harz und das Erzgebirge, sondern auch in die italienischen und schweizerischen Alpen, nach Böhmen und bis nach Süditalien, wo er den Vesuv besuchte. Von seinen Reisen brachte er fleißig Steine mit. Fast 18 000 Exemplare umfasste seine Sammlung bei seinem Tod. Goethe galt als Neptunist, fand aber auch an den Ideen der Plutonisten, die auch Vulkanier genannt wurden, Gefallen. Er versuchte sogar zwischen den Richtungen zu vermitteln und verfasste *Vergleichsvorschläge, die Vulkanier und Neptunier über die Entstehung des Basalts zu vereinigen*.

Genutzt hat es freilich wenig. Beide Theorien schienen auf ihre Weise plausibel, und so schwelte der Streit zwischen den Lagern wenigstens ein halbes Jahrhundert. Einen Vorteil hatte das Ganze in jedem Fall: Man setzte sich intensiv mit der Geologie auseinander. Es gab bald für viele Landstriche Karten der zu findenden Formationen, Leitfossilien wurden ausgemacht. Das heißt, man ordnete Schichten bestimmten Arten zu. Damit hatte man eine Art Zeitmesser herausgearbeitet, und es wurde immer klarer, dass die Erde weit älter sein musste, als man je gedacht hatte. Der Physiker William Thomson, besser bekannt als Lord Kelvin, veranschlagte ihr Alter auf zwischen 25 und 400 Millionen Jahren. Dennoch galt die Erde als statisch, und die Tatsache, dass manche Gesteine Südamerikas denen in Afrika ähnelten, verursachte einiges Kopfzerbrechen. Bis Alfred Wegener im frühen 20. Jahrhundert mit seiner Idee auf den Plan trat, die Erdoberfläche sei von Platten bedeckt, die sich verschieben, auf- und abtauchen sowie kollidieren können.

Heute haben wir ein recht detailliertes Bild davon, wie die Erde entstand und damit auch die Böden. Die meisten Rätsel der Geologie sind geklärt, und mit Hilfe radiochemischer Methoden ist unsere Vorstellung vom Alter unserer Welt recht präzise geworden.[3] Wir können uns vorstellen, was vor langer Zeit in unserer Nachbarschaft vorgegangen ist: Vor 4,6 Milliarden Jahren gab es am Rande einer kleinen Galaxie einen Funken; unsere Sonne entzündete sich aus einem Wasserstoffgemisch heraus und beleuchtete ihr noch gänzlich ungeordnetes junges Sonnensystem. Es herrschte Chaos, das sich jedoch langsam organisierte. In der Wolke aus größeren und kleineren Partikeln, Klumpen und Brocken aus Gestein und Eis kam es immer wieder zu Kollisionen, aus denen wieder größere Brocken hervorgingen. Unsere Erde war so ein Planet im Flegelalter, und ab der Größe eines Fußballs konnte sie sich durchsetzen. Das heißt, ihre Anziehungskraft war so stark, dass sie immer weitere Weltraumbruchstücke einsammelte. Und mit jedem Zuwachs nahm auch ihre Anziehungskraft zu. Noch mehr Masse geriet in ihren Bann. Wie ein Staubsauger schluckte die Protoerde alles in ihrer Reichweite. Dabei hatte sie noch lange nicht das freundliche, blaue Antlitz von heute. Vielmehr war sie ein unförmiger Klumpen und trudelte wie besoffen durchs All. Ganz heiß wurde er, denn jeder Brocken, der auf ihn einschlug, setzte Energie frei. So viel, dass der Klumpen schließlich schmolz und zu einem glühenden Lavaball wurde.

Doch die Oberfläche kühlte sich rasch ab, und wer weiß, wie es weitergegangen wäre, wenn nicht ein Geisterfahrer unsere Bahn gekreuzt hätte. Vor gut 4,5 Milliarden Jahren touchierte ein etwas kleinerer Protoplanet die Erde. Theia nennen Wissenschaftler diesen Irrläufer, der unserer Heimat fast den Garaus gemacht hätte. Zum Glück streifte er sie nur, denn wären sie frontal aufeinandergeprallt, hätte es wohl beide zerrissen. Stattdessen vermischten sie einen Teil ihrer Massen. Der Eisenkern Theias verschmolz mit dem der Erde. Doch nicht komplett; ein kleines Bruchstück wurde in den Weltraum geschleudert und erinnert uns noch heute an diesen Crash – der Mond. Hinweise darauf gibt die Zusammensetzung des Mondgesteins.

Nach dieser Katastrophe begann eine neue Phase der Konsolidierung der jungen Erde. Im Maßstab des Universums war auch sie jedoch nur von kurzer Dauer. Denn die großen Gasplaneten – Jupiter, Saturn, Uranus und Neptun – unseres Sonnensystems wanderten langsam zur Sonne hin und brachten eine Zone Planetenabfalls, der zwischen Mars und Jupiter herumvagabundierte, durcheinander. Zahlreiche Kometen, Asteroiden und Meteoriten gerieten auf die schiefe Bahn und wurden hin zum Zentrum des Sonnensystems verschlagen. Dahin, wo sich ein paar kleine Planeten gerade eingerichtet hatten. Riesige Brocken stürzten auf die Erde. Immer wieder aufs Neue. Ein Inferno, das sich selbst Hollywood kaum dramatischer ausdenken könnte. 50 Millionen Jahre dauerte dieses Bombardement.[4] Während auf der Erde die Spuren der Einschläge mittlerweile getilgt sind, sieht man sie der vernarbten Mondoberfläche immer noch an.

Aber das kosmische Dauerfeuer war irgendwann vorüber. Endlich konnte die junge Erde wirklich zur Ruhe kommen und ihre Karriere als blauer Planet starten. Durch die Einschläge war sie aufs Neue auf »Los« gesetzt worden, jetzt stabilisierte sich die Oberfläche. Es gab sogar Wasser! Wenn auch nicht in Form fröhlich sprudelnder Quellen oder sanfter Wellen, aber immerhin. Damit war ein weiterer wichtiger Baustein für die Entstehung der Böden vorhanden.

Forscher sind sich nicht recht einig, wie das Wasser auf die Erde gekommen ist. Fakt ist, dass es schon bei der Geburt unseres Sonnensystems Wasser gab. Es klebte bereits an den ersten Stücken, die sich zur jungen Erde zusammengerottet hatten. Man vermutet, dass Wasser aus dem Erdinneren an die Oberfläche gelangte, als die Erde ihre Gestalt annahm. Die weitaus größere Menge, die unsere Erde zum blauen Planeten werden ließ, lieferte der Weltraum erst mit der Zeit: Im Sonnensystem gibt es ein Vielfaches an Wasser. Nahe unseres Zentralgestirns war es zwar schnell verdampft und ins äußere Sonnensystem gepustet worden. Aber weiter draußen schlug sich das Nass an den Himmelskörpern nieder, die zwischen den Planeten ihre Bahn zogen und immer mal wieder Richtung Zentrum geschubst werden. Mit jedem Kometen, jedem Asteroiden, jedem Staubpartikel, der auf der Erde einschlug, kam Wasser hinzu.

Lange war es allerdings zu heiß, als dass sich Ozeane bilden konnten.

Gemütliche 180 Grad hatte es damals an der Oberfläche, und es sollte Hunderte von Millionen Jahren dauern, bis die Temperatur erstmals überhaupt weniger als 100 Grad betrug. Umgeben war das irdische Inferno von einer Mischung aus Wasserstoff, Helium, Ammoniak, Methan und einigen Edelgasen. Keine Atmosphäre für Menschen. Zu allem Überfluss wurde diese zarte, doch lebensfeindliche Hülle bereits in ein paar Hundert Millionen Jahren vom Sonnenwind fortgepustet. Die junge Erde verfügte nicht über die Kraft, sie zu halten.

Mit der Zeit kühlte sich die Erde zwar langsam ab, doch war sie immer noch lebensfeindlich. Immer wieder brachen Vulkane aus, und die innere Gestalt der Erde wandelte sich. Dadurch gewannen in der Atmosphäre andere Gase die Oberhand. Vor vier Milliarden Jahren bestand sie zu gut 80 Prozent aus Wasserdampf. Nur die Hitze verhinderte, dass der Wasserdampf oben blieb. Kohlendioxid aus den Vulkanausbrüchen machte 10 Prozent der Lufthülle aus. Der Rest verteilte sich auf Schwefelwasserstoff, Stickstoff, Wasserstoff...

Irgendwann war die Erde kühl genug, dass die Atmosphäre einen wichtigen Schritt tun konnte. Der Wasserdampf bildete Wolken, Gewitter ungeheuren Ausmaßes entzündeten sich, und die Sintflut brach herein. Schätzungsweise 40 000 Jahre lang regnete es ununterbrochen – eine nicht enden wollende Abfolge von Schauern, Gewittern und Wolkenbrüchen. Eine veritable Sintflut. Als am Ende die Sonne wieder am Horizont auftauchte, spiegelten die neuen Ozeane ihr Licht. Das Wasser war da und mit ihm eine Grundbedingung, dass Böden entstehen konnten.[5] Noch etwas kam hinzu: Der Regen hatte Unmengen CO_2 in die Meere gespült und so deren pH-Wert verändert. Einfach gesprochen, wurde aus den Meeren Sprudel – Wasser mit Kohlensäure.

Schon in dieser Zeit konnten die Kräfte der Erde das junge Gestein klein mahlen, konnten Chemikalien wie die Kohlensäure Oberflächen auflösen. Doch von Boden, wie wir ihn heute verstehen, kann man noch nicht reden. Denn ein Boden ist mehr als nur zerbröselter, aufgelöster Fels. Wissenschaftler, Juristen und Landwirte kennen verschiedene Definitionen, wann es sich beim Untergrund um einen Boden handelt. Aber wesentliches Merkmal bei allen ist, dass sich Leben in der Krume regt. In dieser dünnen Schicht zwischen dem Erdinneren und der Atmosphäre spielt sich ein Großteil der Prozesse ab, die unabdingbar für alle Organismen sind. Boden braucht Leben, um Boden zu sein. Und das Leben braucht den Boden, um lebendig zu sein. Doch das Leben sollte erst noch ein paar Zeitalter brauchen, um auf der Erde mitspielen zu können.

Hunderte von Millionen Jahren kamen und gingen. Gelöste Mineralien, Kohlenstoff- und Stickstoffverbindungen trieben ziellos durch die Ursuppe. Stießen zusammen, verbanden sich, lösten sich. Immer wieder aufs Neue. Aus einfachen chemischen Verbindungen wurden komplexere, sich schließlich selbst organisierende Prozesse. Wieder so ein Kapitel, das schwer vorstellbar ist. Wieder ein Beispiel, dass unser Verstand seine Probleme mit dem Erdgeschehen hat.

Um seinen Geheimnissen näher zu kommen, hat der Molekularbiologe Stanley Miller von der Universität Chicago bereits 1953 ein epochales Experiment durchgeführt. Er simulierte eine Ursuppe, in der neben Wasser noch Methan, Wasserstoff, Kohlenmonoxid und Ammoniak umherschwammen. Das Ganze setzte er unter Strom. Auf wundersame Weise verbanden sich die Bausteine zu langkettigen Molekülen, zu komplexen Strukturen. So könnte es auch auf der jungen Erde gewesen sein.

Andere Forscher vermuten, dass das Leben beziehungsweise die erste organische Verbindung mit herabstürzenden Himmelskörpern auf die Erde kam. Diese Panspermie basiert darauf, dass man kohlenstoffhaltige Verbindungen in Kometen gefunden hat und es zumindest denkbar ist, dass sie und selbst einfachere Lebensformen die Reise und die Ankunft auf der Erde überstehen würden.

Wie dem auch sei – wann genau erste Biomoleküle und schließlich einfache Organismen auftauchten, kann niemand mit Sicherheit sagen. Immer noch erscheint es als Wunder, wie es zur Initialzündung der Evolution kam, zu einem sich selbst weiterführenden Prozess, an dessen Ende alles Lebende steht. Als älteste Hinweise dafür gelten gebänderte Eisenquarzite auf Grönland. Die Farbe könnte auf organische Kohlenstoffverbindungen hindeuten. Könnte. Vergleichsweise sicher ist man sich bei Stromatolithen, die man in Westaustralien gefunden und auf ein Alter von 3,5 Milliarden Jahren datiert hat. Dabei handelt es sich um Gebilde, die durch Mikrobenmatten gebildet werden; im Grunde ein Schleim aus Bakterien, in dem sich Kalk niedergeschlagen hat. Sie sind ein fernes Echo des ersten Lebens auf der Erde.

Die neuen Mitspieler auf der Erde veränderten ihr Angesicht. Es bildeten sich die ersten Lebensformen, nämlich Cyanobakterien und bald auch primitive Algen, Sauerstoff. Zunächst reagierte dieser zwar noch fleißig mit allen möglichen Elementen im Wasser, doch schließlich gelangte immer mehr davon unverbraucht in die Atmosphäre. Vor gut einer halben Milliarde Jahren war es so viel, dass sich die Ozonschicht entwickeln konnte. Sie ist ein weiterer Meilenstein in der Karriere der Erde, denn sie hielt genug Strahlung aus dem Weltall ab, dass Leben an Land überhaupt möglich wurde. Der Sauerstoffgehalt stieg und stieg, und irgendwann hätten sogar wir genug Luft zum Atmen gehabt. Wenn es uns denn da schon gegeben hätte.

Die Zeit kam, in der sich die ersten Vielzeller breitmachten. Und von da an ging es Schlag auf Schlag. Zumindest im erdgeschichtlichen Maßstab. Die Meere wurden von Kreaturen bevölkert, an denen die Evolution alles ausprobierte, was irgendwie erfolgversprechend war: Stachelhäuter, Kopffüßer, Trilobiten – sehr fremd würde uns die Welt unter Wasser wohl vorkommen.

Und noch etwas probierte die Evolution aus: den Landgang. Vor 460 Millionen Jahren trauten sich die ersten Pflanzen aus dem Wasser. Es waren vermutlich einfach gebaute Moose. Um an die Mineralien im Untergrund zu kommen, halfen ihnen wohl Mykorrhiza. Noch heute sind diese Pilze wichtige Helfer der Pflanzen. 80 Prozent aller Arten vertrauen auf diese Zusammenarbeit. Für viele ist sie überhaupt die einzige Möglichkeit zu überleben.

Pflanzen und Flechten eroberten die Kontinente. Eine Generation entzog dem Untergrund die Nährstoffe, starb und stellte sie damit der nächsten Generation zur Verfügung. Die Landnahme war wie ein Turbo für die Bodenbildung. Neben Wasser war jetzt auch genug organische Substanz da, um Erde zu bilden. Bis dahin gab es nur Böden aus dem verwitterten Grundgestein. Kein Humus, keine organische Substanz, kein Leben war in diesen Substraten.

Die Pflanzen erst brachten Leben in den Boden. Mit den Jahrmillionen verschwanden die Zeugnisse darüber; sie erodierten, wurden überdeckt oder wieder in neue Gesteine umformatiert. Der älteste fossile Boden, der bislang gefunden wurde, ist vor 380 Millionen Jahren entstanden. Er liegt am Mount Crean in der Antarktis. Heute ist das eine lebensfeindliche Ecke, doch diese Tonerde stammte aus einer Zeit, als dort ein Klima wie heute in Indien herrschte.

Mit den Landpflanzen, dem wechselnden Klima und der Zeit entstanden die verschiedensten Böden und tun es heute noch. Surtsey und Vulkane haben im Gegensatz zur jungen Erde den Vorteil, dass sie nicht auf sich allein gestellt sind. Das Leben und damit der Funke der Bodenbildung ist quasi nebenan; Surtsey liegt nur 32 Kilometer vom nächsten Land entfernt.

Die Insel wurde und wird praktisch immer noch mit Leben geimpft. Zuerst kam der Meersenf, dann der Strandhafer, der fleißig losen Sand festlegte und damit den Untergrund für andere Pflanzen vorbereitete. Dann entdeckten Vögel das neue Eiland. Mittlerweile brüten Eissturmvögel und verschiedene Möwenarten auf Surtsey und düngen den Untergrund. Wieder ein wichtiger Baustein für fruchtbaren Boden.

Helfer dabei sind kleine Organismen. Mikroben etwa oder Springschwänze, die ungemein fleißig den Boden bereiten. Sie werden 1975 erstmals auf Surtsey gefunden. Angelandet sind sie wohl mit Treibgut oder im Gefieder von Vögeln. Oder sie kamen übers Meer, denn sie können wochenlang im Salzwasser treiben. Kaum spült sie eine Welle an eine ungastliche Küste, fangen sie mit ihrer Pioniertätigkeit an. Wie Fallschirmjäger hinter feindlichen Linien. Nur dass die Springschwänze Leben bringen.

Stück für Stück hat sich Surtsey von einem unbelebten Felshaufen zu einem Außenposten des Lebens gemausert. Doch mit dem Labor Surtsey könnte es in nicht allzu ferner Zeit wieder vorbei sein. Zumindest in geologischen Zeiträumen. Der Atlantik bearbeitet die Insel bereits seit ihrer Entstehung. Mittlerweile hat sie mehr als die Hälfte ihrer ursprünglichen Größe eingebüßt. Die Böden der Insel werden vermutlich nicht die Chance haben, über einen langen Zeitraum zu reifen und sich zu verändern. Die Insel wird wieder untergehen, und vielleicht entsteht an anderer Stelle eine neue Insel, die wieder zu einem Labor des Lebens wird.

Anderswo auf der Welt hatte die Natur mehr Zeit, den Untergrund zu verändern. Wenn ihr Klimaänderungen nicht einen Strich durch die Rechnung machten. Selbst in Europa kann man zuschauen, wie Böden sich entwickeln. Wenn man so will, läuft unser Freiluftexperiment nur ein wenig länger als das auf Surtsey. Sagen wir: 10 000 Jahre.

Kapitel 2
Die Farbe von Dreck

»The violets in the mountains have broken the rocks.«
Tennessee Williams

Kalt. Trocken. Staubig. So ungefähr lässt sich die letzte Eiszeit zusammenfassen. Wobei der Staub lediglich das Resultat von kalt und trocken ist. Denn im Gegensatz zur landläufigen Meinung hat es damals weniger Niederschläge gegeben als heute. Für den Streifen Europas, der heute Deutschland heißt, bedeutete »Eiszeit« alles andere als eine verschneite, romantische Winterlandschaft. Im Schnitt lagen die Temperaturen zehn Grad niedriger als heute. Zudem fielen 500 Millimeter weniger Regen und Schnee. Für Hannover, das heute 650 Millimeter Niederschläge im Jahr abbekommt, bedeutet das ungefähr die Menge an Wasser, wie sie heute für Timbuktu in der Sahara oder Spitzbergen in der Arktis gemessen wird.

Dazu wehte ein beständiger, schneidender Wind von den Gletschern, die von Norden vorgerückt waren, und von den Gletschern der Alpen. Und kein Baum weit und breit in Sicht, der etwas Schutz bot. Zwergbirke und Silberwurz klammerten sich vereinzelt an den kargen Untergrund und versuchten das Beste aus der Situation zu machen. Ähnlich wie heute im Hochgebirge und in der Arktis überlebten nur eine Hand voll Spezialisten unter den Pflanzen die extremen Bedingungen.

Während der letzten Vereisung waren die Gletscher von den

Alpen ungefähr bis dahin gekrochen, wo heute München liegt. Wer damals von dort, wo heute am Odeonsplatz Eisbecher ausgelöffelt werden, gen Süden geschaut hätte, hätte die hohen Gletscherwände quasi direkt vor der Nase gehabt. Die meisten Täler der Alpen waren voller Eis, und nur die höchsten Gipfel setzten sich vom weiß-blauen Himmel ab.

Im Norden ein ähnliches Bild; die Gletscherfront zog sich von Hamburg bis nach Berlin hinüber. Die Nordsee gab es nicht, und der ganze Norden schien eine lebensfeindliche Eismasse zu sein. Wer heute vor einem Gletscher steht, spürt ein fernes Echo dieser beeindruckenden Masse. Spalten durchziehen ihn, er hat Geröll im Schlepp, und manchmal hört es sich an, als würde sich tief in seinem Inneren ein Gewitter austoben. Es donnert, knackt und gurgelt unter der Oberfläche.

Direkt vor den Gletschern und in den wenigen Flusstälern hielten es überhaupt keine Pflanzen aus. Der Schutt einer vom Frost zersprengten Oberfläche füllte die Welt bis zum Horizont – beziehungsweise bis zur Gletscherkante. Ungehindert konnte der Wind die Krümel, die der Frost aus dem Gestein gesprengt hatte, mit sich fortnehmen. Sand und Staub wehten über das Land. Doch der Wind sortierte unerbittlich, der Sand kam nicht weit, er war zu schwer und kullerte nur ein paar Kilometer. Manchmal türmte er sich zu Wanderdünen auf oder bildete große Flugsandfelder. Noch heute geben die Lüneburger Heide und das südliche Brandenburg Zeugnis davon.[6]

Nur die feinsten Partikel trug der Wind weiter mit sich, manchmal Hunderte von Kilometern, bis sie im Lee eines Berges oder in einem anderen Flusstal eine neue Bleibe fanden. Und der Wind blies stetig weiter und trug Schicht um Schicht dieser feinsten Körnchen zusammen. Die meisten sind lediglich zwischen 0,002 bis 0,063 Millimeter klein, zum Vergleich: 0,07 Millimeter misst das durchschnittliche Haar eines Mitteleuropäers. Schluff heißt diese Kategorie von Gesteinsfragmenten in der Sprache der Bodenkundler. Wenn man sie genau betrachtet, sind sie alles andere als einheitlich; es sind größtenteils feine Quarzpartikel, dazwischen Reste von Kalkstein. Eine Spur Eisen macht ihn gelb, eine größere Portion Eisen lässt ihn rot werden.

Die große Umverteilung des Schluffs ging über Tausende von Jahren so, bis die Gletscher sich schließlich vor rund 10 000 Jahren endgültig zurückzogen. Endlich wurde das Land wieder feuchter und lebendiger. Die Bäume kehrten zurück und begrünten die ehemalige Kältesteppe. Übrig blieben die großen Pakete aus Staub. Der Wind hatte im Schnitt zwischen drei und zehn Meter mächtige Schichten zusammengefegt, mancherorts zeugen aber auch 40 Meter dicke Sedimente von seinem Fleiß. Natürlich haben Bodenkundler ein Wort dafür: Löss nennt man sie. Der deutsche Mineraloge Karl Cäsar Ritter von Leonhard hat den Begriff 1823 eingeführt, als er eben genau solche Formationen bei Heidelberg beschrieb. Das Wort stammt aus dem Alemannischen, dort bedeutet *lösch* so viel wie »locker«.

Es beschreibt damit treffend, dass Löss sehr luftig abgelagert wurde. Solche Lössauflagen bedecken ungefähr ein Zehntel der gesamten Landoberfläche. Sie sind sozusagen allgegenwärtig. Sie sind Relikte der Eiszeit.[7] Ganz grob folgt so ein Band aus Löss der ehemaligen Vereisungsgrenze; von Frankreich an den deutschen Mittelgebirgen vorbei, weiter nach Osten, über Südrussland bis nach China. Auch im Süden der USA und in Argentinien hat sich Löss angesammelt. In Deutschland findet sich das angewehte Sediment beispielsweise in der Hildesheimer Börde, in der Lausitz oder am Kaiserstuhl.

Sobald der weit gereiste Staub zur Ruhe gekommen ist, Wasser und Zeit auf ihn einwirken, verändert er sich. Ein Teil des Kalks löst sich im Regenwasser und verschwindet, die feinen Körnchen verwittern weiter. Immer kleinere Einheiten entstehen. Wasser klebt zwischen den Partikeln, und Nährstoffe werden auf diese Weise überhaupt erst für Pflanzen greifbar. Wenn man so will, ist es ein kleines Wunder, denn aus dem leblosen Material bildet sich ein Boden. Und nicht nur einer. Die Bodenkundler kennen gleich eine ganze Reihe von Böden, die allein aus Löss entstanden sind: Braunerde, Parabraunerde, Schwarzerde … Denn mitnichten ist Erde einfach immer nur Erde. Sie ist vielfältig. Zudem ist der Prozess niemals abgeschlossen, ein Boden verändert sich stets.

Aber so lange hatte unser Löss ja noch nicht Zeit. Die darauf entstandenen Böden sind im Vergleich zu anderen der Erde geradezu Jungspunde. Denn erdgeschichtlich gesehen ist die Eiszeit jüngste Vergangenheit. Nichtsdestotrotz ist Löss eine wichtige Formation, denn gemeinsam ist allen Lössböden, dass sie in der Regel eine gute Grundlage für Landwirtschaft bilden. Einige der fruchtbarsten Äcker sind die Reste solcher eiszeitlicher Stäube. Kein Wunder, dass ein Bodentyp, der aus dem Löss geboren wurde, sozusagen zum Paten der Bodenkunde wurde.

Wenn sich Menschen überhaupt für Boden interessiert haben, dann in erster Linie, weil darauf etwas wachsen sollte. Meistens ging es schlicht darum, was zu tun ist, damit mehr wächst. Oder sogar: damit überhaupt etwas wächst. Ungefähr mit dem Ende der Eiszeit hatte man angefangen, den Boden zu bearbeiten. Man hatte ihn geritzt, bevor man Samen einstreute, später gepflügt und manchmal sogar gedüngt. Tausende von Jahren wurden Erfahrungen weitererzählt, verfeinert, manchmal wieder vergessen. Aber Boden blieb ein Mysterium. Welche Faktoren bestimmten, wie aus einem Stück Fels oder einem Haufen Staub etwas Fruchtbares wurde?

Es war ein Russe, der aus dem Boden einen Teil seiner Geheimnisse ausgrub. Wassili Wassiljewitsch Dokutschajew wurde 1846 in Milyukovo, einem Dorf im Distrikt Smolensk, geboren, mitten hinein ins bäuerliche Russland. Im damaligen Zarenreich gab es noch immer Leibeigene, und die Landwirtschaft war weit davon entfernt, die Menschen sicher zu versorgen, geschweige denn echte Überschüsse zu erzielen.

»Mittelalterlich« trifft es ganz gut, wenn man die Bedingungen abseits der Zentren Sankt Petersburg oder Moskau beschreiben will. Immer wieder kam es zu Hungersnöten. Es brauchte Reformen, und es brauchte Kenntnisse um das wichtigste Gut des Bauern: den Boden. Dokutschajew hatte damit eine Aufgabe. Dabei war nicht ausgemacht, dass er überhaupt Wissenschaftler werden würde. Der Sohn des Dorfpfarrers besuchte zunächst eine religiöse Schule. Vielleicht wäre auch er Priester geworden, seine Fächer waren jedoch eher Chemie und Mathe. Der junge Wassili lernte sich hoch, bis er schließlich zum Studium nach Sankt Petersburg aufbrach. Seine Passion wurde die Geologie, das Wühlen in den verschiedenen Untergründen von Mütterchen Russland.

Damit sind wir wieder beim Löss, denn auch in Russland hatte der Eiszeitwind Staub zusammengetragen. Und auf dieser Grundlage hatte sich ein besonderer Boden gebildet: die Schwarzerde, russisch *Tschernosem*. Darüber veröffentlichte Dokutschajew 1883 ein epochales Buch: *Die russische Schwarzerde*. Wenn Sie noch nie davon gehört haben, ist das nicht weiter schlimm. Doch es schlug in den entsprechenden Kreisen ein wie eine Bombe. Denn es war nicht nur die Monografie eines bestimmten Bodens. Dokutschajew hatte zahlreiche Experten zu Rate gezogen, Feldforschungen betrieben, im Labor gearbeitet.

Das Ergebnis war revolutionär, seiner Ansicht nach waren nämlich frühere Betrachtungen des Boden einseitig gewesen, wenn nicht gar engstirnig. Er wischte die biologische Betrachtungsweise genauso weg wie die rein chemische und die physikalische, die den Boden lediglich als Funktion von Feuchte und Temperatur ansah.

Sein Boden war nicht tot, kein reiner Nährstoffspender für

die darin wurzelnden Pflanzen, sondern vielmehr ein lebender Organismus mit eigenem Charakter und einer Geschichte. Und eben mehr als die bloße Summe naturwissenschaftlicher Fakten. Wenn man so will, gab Dokutschajew dem Boden eine Seele.

Damit wurde der Russe zum Vater der Bodenkunde. Er erkannte und formulierte als Erster, dass der Untergrund nicht losgelöst von seiner Umgebung betrachtet werden durfte. »Sein« Boden war ein Gesamtkunstwerk, geschaffen aus miteinander kommunizierenden und sich gegenseitig beeinflussenden Faktoren. Vier hielt er dabei für entscheidend: die geologischen Bedingungen wie Ausgangsgestein, Relief und geologisches Alter des Landes, die Organismen, die dort wachsen und leben, das Klima und den Wasserhaushalt.

Dokutschajew hatte damit die entscheidenden Parameter bei der Bodenbildung dingfest gemacht. Böden sind eigenständige Lebensräume, die – wenn man so will – ihre Umwelt, die Vergangenheit und Gegenwart widerspiegeln. Mit dieser Erkenntnis wird klar, warum ein Boden in Südamerika sich von einem Boden in der Magdeburger Börde und einem in Sibirien unterscheiden muss.

Mit dem Ausgangsgestein beginnt die ganze Geschichte. Es bildet das Fundament eines Bodens. Im Wesentlichen handelt es sich dabei um drei Gruppen von Gestein, und wenn sie verwittern, unterscheidet sich das Resultat in vielerlei Hinsicht: in seinem pH-Wert beispielsweise, seiner Körnung oder der Fähigkeit, Wasser zu halten.

Da wären zunächst die Gesteine, die in der Erde entstanden sind, die Magmatite. Sie können sich tief im Inneren gebildet haben oder aber an der Oberfläche. Granit und Basalt gehören etwa dazu.[8] Entscheidend für ihre Struktur ist die Geschwindigkeit, mit der sie abkühlen, denn schnelles Abkühlen bedeutet, dass sich im Gestein allenfalls kleine Kristalle bilden können. Grobkörnig durch große Kristalle wird das Material nur, wenn es langsam kühler wird.

Dann gibt es Gesteine, die entstanden sind, als Material abgelagert wurde. Das fand und findet im Meer statt, beispielsweise wenn über lange Zeiträume Unmengen von Meeresorganismen sterben und auf den Grund sinken. Kalkalgen und Foraminiferen sind typische Verursacher. Sie tragen winzige Schalen aus Kalk und haben mit ihrem Tod so manches Gebirge und Massiv erzeugt. Die Kreidefelsen auf Rügen sind so ein Erbe dieser Mikroorganismen. Auch Wüsten lagerten und lagern Schicht um Schicht ab, und mit ein wenig erdgeschichtlichem Glück ist Sandstein das Ergebnis. Gemeinsam ist den Sedimenten, dass die Zeit sie in mühsamer Kleinarbeit zusammengefügt und verfestigt hat.

Und schließlich können Gesteine auch durch hohen Druck und/oder hohe Temperatur im Nachhinein verändert werden. Festes Material wird dadurch plastisch, und im Inneren orientieren sich die Bausteine auf neue Art und Weise. Nach dem griechischen Wort für »Umwandlung« bezeichnet man sie als Metamorphite. Marmor ist so ein Typ, der reichlich Druck brauchte, damit aus ordinärem Kalkstein etwas Ordentliches für repräsentative Innenarchitektur wurde.

All diese erdgeschichtlichen Kapitel lassen sich heute noch in unseren Böden ablesen: Wenn ein Boden auf einem Sandstein entstanden ist, ist auch der Boden ein fernes Echo dieses Kapitels der Erdgeschichte. Die Wüste von einst beeinflusst den Untergrund von heute und damit alles Leben auf ihm. Gleiches gilt für ehemaligen Meeresboden. Wo vor Hunderten von Millionen Jahren abenteuerliche Kopffüßer nach der nächsten Mahlzeit gesucht haben, pflügt heute ein Bauer seine Furchen in ein Feld und freut sich auf eine gute Ernte.

Damit ist der Punkt Ausgangsgestein aber noch nicht abgehakt, denn eine Rolle spielt auch, wie klein das Ausgangsgestein vielleicht schön zerbröselt ist, ob es sich an einem Hang befindet, und wenn ja, wie steil er ist, und schließlich, wie lange das Ausgangsgestein schon zu Boden wird. Klima und Wasserhaushalt gehen damit einher, sie sind weitere Parameter, wenn sich Böden entwickeln. Sie bestimmen, wie schnell aus größeren Steinen kleine und kleinste Steine werden. Davon hängt wiederum ab, wie schnell Nährstoffe zur Verfügung stehen – oder wie schnell sie durch Wasser ausgespült werden. Der sich auf dem Gestein entwickelnde Boden interagiert dabei mit den Mineralien unter ihm und noch dazu mit der Luft über ihm. Alles ist im Fluss – auch wenn unser Zeitverständnis da nicht mitkommt.

Daneben sind die Lebewesen ganz entscheidend bei der Frage, welcher Boden entsteht. Dazu gehören die Pflanzen genauso wie Tiere und Mikroorganismen. Sie beeinflussen ihr Umfeld durch ihre Nahrungsvorlieben, ihren Lebenswandel und selbst ihre Ausscheidungen. Dokutschajew hat später sogar noch den Menschen in die Reihe der bodenbildenden Organismen mit einbezogen.

Und für all diese Faktoren ist die berühmte Schwarzerde ein wunderbares Demonstrationsobjekt. Zunächst einmal entsteht so ein Boden vorzugsweise auf Löss. Das ist das Ausgangsmaterial. In der Gegend sollte es lange, heiße Sommer und trockene, sehr kalte Winter geben. Solch ein Jahreslauf findet sich weit weg vom Meer, man spricht von kontinentalem Klima. Nicht gut für Bäume, aber umso besser für allerlei Gräser und Kräuter. Wenn diese Pflanzen dann absterben, verrotten sie kaum, denn es ist zu trocken, als dass Mikroorganismen die Zellulose und anderen Bausteine aus den Stängeln und Blättern wieder auseinandernehmen könnten. Doch andere Organismen nehmen sich der Pflanzen an; Hamster und Ziesel sind unermüdliche Nager, die den Boden durchwühlen und dabei das Unterste nach oben kehren. Auf diese Weise bringen sie die organischen Reste in den Untergrund. Nur dort können sie auch nicht vollständig wieder aufgearbeitet werden. Mit der Zeit sammelt sich also mehr und mehr organische Substanz an, durchzogen von endlosen Gängen.

Solche eine Schwarzerde kann mehr als einen halben Meter dick sein. 50 Zentimeter gut durchlüfteter Boden mit viel Humus – nicht umsonst ist Schwarzerde unter Landwirten sehr beliebt. In der Hildesheimer und in der Magdeburger Börde finden sich solche Schwarzerdeböden. Allerdings sind sie beileibe nicht so imposant wie in Südrussland.

Damit es Schwarzerde gibt, braucht es also die entsprechenden Faktoren. Fehlen zum Beispiel die Wühler, funktioniert es genauso wenig wie dort, wo es jeden Tag wie aus Kübeln schüttet. Damit ist klar: In der Arktis kann solch ein Boden genauso wenig entstehen wie in der Sahara. Auch das Amazonasbecken oder die Wälder Zentralafrikas bringen nicht die nötigen Voraussetzungen dafür mit, dass eine Schwarzerde entsteht. Sie haben ihre ganz eigene Geschichte.

Und so haben andere Teile der Welt ihre charakteristischen Böden. Eine kleine Exkursion über 90 Breitengrade hinweg gibt einen groben Überblick: Arktis – und auch die Antarktis – werden von Kälte dominiert. Eis liegt häufig über dem Ausgangsgestein. Wo es fehlt, zerbröseln Felsen unter der Wirkung des Frosts, und der Schutt wartet auf bessere Zeiten. Der Boden bleibt dauerhaft gefroren, selbst im Sommer taut er nur oberflächlich auf. Bis in eine Tiefe von 300 Metern kann solch ein Permafrostboden reichen. Ein Eiswürfel mit Erdanteil sozusagen.

Ein wenig südlich sieht der Untergrund ganz anders aus. Die Böden in unseren Breiten zeichnen sich dadurch aus, dass sie eine vor allem für uns günstige Entwicklung durchlaufen haben. Es ist in der Regel feucht genug, nie zu kalt, zu warm oder zu trocken. Pflanzen können einen Großteil des Jahres wachsen, und auch Mikroorganismen sind in der Lage, fleißig Nährstoffe aus totem Material für neues Leben wieder verfügbar zu machen. Die Klassiker unter den Bodentypen hierzulande sind die Parabraunerde und die Braunerde. Beide sind im Prinzip hervorragend geeignet, auf ihnen Ackerbau zu betreiben.

Böden der trockenen Weltregionen und vor allem der Wüsten fehlt es vor allem an Wasser. Pflanzen tun sich hier schwer, und ohne sie fehlt auch der Humus. Ganz im Gegensatz zum tropischen Regenwald. Dort gibt es üppigen Dschungel und genug Regen. Doch es ist ein Irrtum zu glauben, die Böden in den Tropen seien besonders fruchtbar. Im Gegenteil. Der Grund dafür ist, dass sie dort sehr lange verwittern konnten. Der stetige Regen hat einen Großteil der Nährstoffe längst ausgewaschen, und das wenige, was noch da ist, bewegt sich in einem ausgeklügelten Kreislauf. Im besten Fall geht kaum ein Fitzelchen der wichtigen Mineralien verloren.

Daneben gibt es natürlich eine Reihe weiterer Böden, und alle haben ihre eigenen Lebensgemeinschaften, ihre eigenen Gesetze und ihre eigene Evolution. Weil aber all diese Typen mit ihren Eigenschaften eben nicht fein säuberlich wie in einem Stück Sahnetorte übereinanderliegen, sehen Karten unserer Böden so aus, wie sie eben aussehen: Wie der Fleck von wenigstens drei unterschiedlichen Torten, die aus einem Meter Höhe auf den Boden gefallen sind.

Es ist nicht einmal notwendig, sich aufwendig über die Erdkugel zu bewegen, um beeindruckende Vielfalt zu erleben. Eine Landkarte der Bodentypen ist bunt und alles andere als einheitlich. Um einen zu bestimmen, muss man ein Loch in den Untergrund graben. Leicht ist zu sehen, dass ein Boden aus verschiedenen Schichten aufgebaut ist. Solche Bodenhorizonte sind charakteristisch für jeden Typ, denn sie sind ein Abbild seiner Entstehungsgeschichte. Unverwechselbar wie ein Fingerabdruck. Allein aus der Abfolge der Bodenhorizonte lässt sich eine Menge ableiten; welche Pflanzen hier gedeihen, wie es mit dem Wasser aussieht, welche Elemente und Mineralien im Boden zu finden sind. Ein Buch. Für den, der es zu lesen weiß.

Leider ist der Text oft sehr vielschichtig, denn neben Reinformen gibt es natürlich jede Menge Typen, die in ihrer Entwicklung zwischen verschiedenen Typen stecken, Eigenschaften des einen oder anderen Bodens zeigen. Allein die Nomenklatur ist eine Wissenschaft für sich. Bodenkundler unterscheiden in Abteilung, Klasse, Typ, Subtyp, Varietät. Die Schwarzerde gehört beispielsweise in die Abteilung Terrestrische Böden, zur Klasse T und wird als Bodentyp TT geführt. Mehrere Hundert Typen lassen sich allein für Europa beschreiben. Darunter sind solche exotisch klingenden Böden wie Gyttja, Sapropel, Rambla, Ranka oder Dwogmarsch. Bei der Namensgebung spielt oft die Farbe eine Rolle oder die Landschaft, in der der Bodentyp vorkommt. Daneben werden Bezeichnungen aus anderen Ländern eingedeutscht, oder es werden gleich Fantasienamen benutzt. Als wäre das nicht schon genug, ist die Klassifikation der Bodentypen weltweit nicht einheitlich. Doch um sich überhaupt verständigen zu können, nutzen Experten neben der Weltbodenkarte der FAO (Food and Agriculture Organization, Welternährungsorganisation) die World Reference Base for Soil Resources. Darin unterscheidet man 32 sogenannte Referenzbodengruppen, zumindest in der ersten Ebene. Denn dann gibt es spezifische Merkmale einzelner Bodentypen und dazu noch Besonderheiten. Das System teilt sich in immer feinere Beschreibungen auf, die vor allem eins beweisen: Boden ist Vielfalt. Und jeder Bodentyp hat seinen eigenen Charakter.

Kapitel 3
Kleines chemisch-physikalisches Intermezzo

»Chemie ist, wenn es raucht und stinkt.
Physik ist, wenn es nie gelingt.«

Schülerspruch

Guter Boden ist ein Rätsel. Warum ist er fruchtbar? Warum genau richtig: nicht zu feucht, nicht zu trocken? Warum ist das Gras so grün, die Ernte so üppig? Warum scheint das Leben nur so aus ihm herauszuquellen? Es ist ein Irrtum, dahinter nur ein paar ordentliche Handvoll Dünger und regelmäßiges Gießen zu vermuten. Ein paar Vitamintabletten ersetzen auch nicht einen bunten Salat oder einen Spaziergang an der frischen Luft. Boden ist ein Gesamtkunstwerk, das aus vielen Einzelteilen besteht, von denen wir längst nicht bei allen verstanden haben, wo sie ins Bild hineingehören. Von manchen können wir das mittlerweile sehr genau sagen. Ein paar der Puzzlestücke tragen fremdartige Namen: Vermiculit, Smectit und Kaolinit beispielsweise. Es handelt sich um Tonminerale, und sie sind für das Leben im Boden äußerst wichtig. Platt gesagt, sind es Pakete aus dicht gepackten Schichten. Diese Schichten sind ein komplexer Verbund aus Silizium, Sauerstoff, Wasserstoff und Aluminium. Hört sich unspektakulär an, doch sie haben es in sich. Sie verfügen über wunderbare Eigenschaften, die staunen machen. Sie nehmen Wasser auf und bauen es in ihr Kristallgitter ein; dadurch quellen diese Mineralien auf, werden zu Speichern. Sie schrumpfen wieder, wenn sie ihr Nass wieder preisgeben. Und nicht nur als Wassertank taugen sie. In dem Gewirr aus Elementen speichern sie zugleich Mineralien und werden so zu Vorratskammern für Pflanzen. Ein tolles Zeug!

Es gibt verschiedene Arten dieser Tonminerale. Je nachdem, wie viele Schichten die kleinste Einheit dick ist, unterscheidet man Zweischicht-, Dreischicht- und sogar Vierschichttonminerale. Alle sind irgendwann aus ursprünglichen Gesteinen und Mineralen entstanden, herausgewittert. Sie entstehen immer noch und verändern sich sogar, wenn sich die Außenbedingungen eines Bodens ändern. Das können andere Pflanzen sein, die angepflanzt werden, andere Formen der Bewässerung, Stoffe, die aus der Luft oder mit dem Regen kommen. Nichts ist statisch im Boden.

Dreischichttonminerale verfügen über die besten Eigenschaften. Wer einen fruchtbaren Boden will, sucht nach solchen Dreischichttonmineralen. An diesen Tonmineralen lässt sich schön zeigen, wie Chemie und Physik im Boden ineinandergreifen. Ob solche Stoffe gut Wasser halten oder Nährstoffe speichern, hängt vom Wechselspiel der Wasserstoffbrückenbindungen, von positiv geladenen Hydroxid- und negativ geladenen Silicatschichten ab ... Entschuldigung. Ich weiß, Chemie und Physik sind die Fächer, die vielen Menschen ihren Schulalltag – gefühlt – zur Hölle gemacht haben. Aber sie sind der Schlüssel zu vielen Geheimnissen des Bodens.

Wer versteht, dass Böden in Regenwäldern alles andere als fruchtbar sind, weil sie nicht die chemischen Voraussetzungen haben, Nährstoffe zu binden, schützt die Bäume, die dort wachsen. In Regenwaldböden kommen eben keine »guten« Tonminerale vor, sondern in erster Linie Kaolinit, ein Zweischichttonmineral. Speichern kann es kaum, und nur die Lebensgemeinschaften auf dem Boden halten die wenigen

Mineralien. Sie allein bewahren den Boden vor der Verwüstung. Auch für unsere Böden ist ein wenig Verständnis der naturwissenschaftlichen Abläufe nützlich. So ist Stickstoff prinzipiell gut für Pflanzen. Doch wer weiß, dass ein Zuviel davon aus den Böden leblose Zombies macht, sieht die unglaublichen Mengen, die aus Landwirtschaft, Verkehr und Industrie kommen, mit anderen Augen. Dann wird Stickstoff zum Fluch wie der Esslöffel Zucker für einen krankhaft Übergewichtigen.

Das Verständnis um chemische und physikalische Zusammenhänge tut nicht weh, es bringt aber ein wenig Licht in den Untergrund. Jeder Boden ist einzigartig, und so gilt für alle: Chemie und Physik lassen sich nicht austricksen. Die Naturgesetze sind nicht verhandelbar. Gerechtigkeit pur. Sie sind die Basis. Und ohne sie ist es unmöglich zu verstehen, warum auf einem Hektar des bereits erwähnten Regenwalds auf Dauer nicht so viel zu ernten ist wie auf einem Hektar in der Magdeburger Börde. Wo doch im Regenwald die höheren Bäume wachsen ...

Es gibt mehrere Arten, sich dem Boden und seiner Fruchtbarkeit zu nähern. Man kann ihn anbeten und hoffen, dass irgendwer schon für einen sorgen wird. Man kann aber auch immerhin so viel wissen, dass nur etwas wachsen kann, wenn etwas reinkommt in den Boden. Oder man geht noch einen Schritt weiter und versteht die Abläufe. Und das bedeutet nicht nur, welche Nährstoffe etwas braucht oder wie viel Wasser. Dazu gehört auch, die Wechselwirkungen von Erdreich und Oberfläche im Hinterkopf zu haben. Denn der Boden hängt in vielerlei Hinsicht mit vielem zusammen. Man kann nicht einen Aspekt losgelöst von anderen begreifen. Deswegen ist es hilfreich, den Boden als ein Gemisch von festen, flüssigen und gasförmigen Stoffen zu sehen. Zwischen diesen Zuständen bewegt es sich; ein Element kann hier eine Karriere durchlaufen, indem es mal zu einer festen Fraktion gehört und dann in eine flüssige oder gasförmige wechselt. Nur um dann wieder fest zu werden. Chemische und physikalische Prozesse bedingen einander dabei. Stickstoff ist ein gutes Beispiel: Er kommt in der Luft vor, fließt mit dem Bodenwasser als Ammonium oder Nitrit, steckt in organischer Substanz und verduftet manchmal als Lachgas.

Wie ein Element einen Zustand erreicht, hängt von den Bedingungen ab. Die Bodenphysik beschreibt beispielsweise, wie dicht ein bestimmter Boden gelagert ist. Denn die Bandbreite ist enorm, und daran hängt eine ganze Menge: wie viel Luft darin ist, wie er sich erwärmt, welche Korngrößen er enthält. Kleinere Partikel in dem Stück Erde bedeuten, dass die innere Oberfläche größer wird. Klar, wenn ich einen Würfel von einem Zentimeter Kantenlänge habe, ist die Oberfläche sechs Quadratzentimeter groß. Ist die Masse des Würfels aus 1000 einen Millimeter messenden Würfeln zusammengesetzt, beträgt die Gesamtoberfläche schon 60 Quadratzentimeter. Und so weiter. Es läuft darauf hinaus, dass es in einem Boden viele solcher kleiner, kleinerer und kleinster Einheiten gibt, die die gesamte, sozusagen die innere Oberfläche erstaunlich anwachsen lassen. So beträgt die Oberfläche in einem einzigen Fingerhut Erde locker 100 Quadratmeter.

Die innere Oberfläche wirkt sich entscheidend auf viele Bodeneigenschaften aus. Wesentlich geht es darum, wie der Saft des Lebens sich verhält - das Wasser. Denn es ist der Schlüssel zu allem, was im Boden abläuft. Ohne Wasser passiert gar nichts, zumindest fast gar nichts. Um es noch einmal deutlich zu sagen.

Wasser brauchen zuallererst einmal die Pflanzen, im weiteren Sinne alles Lebendige in und auf der Erde. Wasser regnet herab, manchmal fällt es als Schnee, Tau, Graupel, Niesel, Nebel. Oder es kondensiert im Boden selbst. Oder es fließt von anderswoher, und ein Teil versickert. Oder aber es fließt unterirdisch, steigt aus dem Grundwasser auf, wird weitergereicht zwischen den Bodenpartikeln. Wie gut es abfließt oder gehalten wird, hängt von der Größe der Bodenpartikel ab. Die bestimmen nämlich, wie eng oder weit die Kanäle sind, in denen sich Wasser bewegen kann. Jeder kennt den Effekt, dass in Kapillaren, also in dünnen Röhren, das Wasser wie von Geisterhand steigt. Natürlich ist das weniger magisch als vielmehr die Anziehungskraft zwischen den Wasserteilchen und der Kapillarwand. Grundsätzlich gilt: Je dünner das Röhrchen, desto höher steigt das Wasser, desto besser wird es auch festgehalten. Für Pflanzen kann diese physikalische Binsenweisheit ziemlich unangenehm sein; sind die Bodenpartikel zu groß, die Kapillaren dementsprechend auch, rutscht das Wasser schnell zwischen ihnen durch, die Anziehungskräfte reichen nicht aus. Es versickert, bevor die Pflanze sich einen Teil schnappen kann. Solche großen Poren zeigen vor allem Sandböden.

Genauso wenig hilfreich sind zu kleine Poren, weil es viele sehr kleine Partikel im Boden gibt. Sie halten das Wasser so fest, dass die Pflanze gar nicht stark genug saugen kann, um ans Wasser zu kommen. Von Totwasser spricht man da. Am günstigsten für Pflanzen ist ein Boden, der einerseits Wasser speichern kann und es andererseits vergleichsweise leicht wieder abgibt.[9]

Neben dem Wasser gibt es – meistens – Luft im Boden. Dazu gehört ein hoher Wasserdampfgehalt von annähernd 100 Prozent. Der sorgt dafür, dass sich die Lebewesen im Boden kaum Gedanken um Austrocknung zu machen brauchen. Apropos Lebewesen. Wie an der Oberfläche ist auch im Erdreich Sauerstoff immens wichtig. Doch der Sauerstoffgehalt ist niedriger, weil Bodenorganismen ihn zügig veratmen und der Austausch mit der Atmosphäre länger dauert. Dementsprechend höher ist der Gehalt an Kohlendioxid, der verbrauchten Atemluft.

Doch Bodenluft ist mehr; alte Bekannte sind darin enthalten wie Stickoxide, Lachgas, Methan. Sie ist ein Mix aus vielen

Gasen, viele davon sind leicht flüchtige Kohlenwasserstoffe, das heißt beispielsweise verschiedenste Alkohole, Aldehyde, Ester. Sie alle sind das Aroma der Erde. Geosmin ist so ein Kohlenwasserstoff, ein sogenannter bicyclischer Alkohol, der diese typisch erdige, ein wenig muffige Note hat. Mikroorganismen produzieren ihn. Und schon steckt man mitten in der Chemie.

Die Bodenchemie beschäftigt sich damit, wie die verschiedenen Elemente miteinander in Beziehung stehen. Sie sucht nach Antworten auf Fragen nach der Menge eines bestimmten Nährstoffs, Abfallproduktes oder eines Giftes. Und sie klärt, wie die Stoffe entstehen. Wichtig dabei ist, welchen pH-Wert ein Boden hat, das heißt, wie sauer oder basisch er ist. Davon hängt ab, ob und welche Elemente frei werden. Zum Beispiel werden in einem sehr sauren Boden Aluminiumionen frei. Das ist schlecht, denn viele Pflanzen vertragen das nicht. Neben den offensichtlich nützlichen gibt es eben auch weniger nützliche Stoffe. Und Aluminium bedeutet schlechtes Karma für den Boden. Auch wenn das Metall zu den häufigsten Elementen in der Erdkruste zählt, haben Lebewesen keine rechte Verwendung dafür. Im Gegenteil: Aluminium schädigt das Wurzelwachstum, und auch beim Menschen steht es in Verdacht, allerhand Krankheiten, von Krebs bis Alzheimer, zu fördern.

Generell gilt, dass die meisten Nährstoffe bei einem leicht sauren pH frei werden und damit für Pflanzen verfügbar sind. Extremisten kommen auch mit einem pH von 3 zurecht. Das entspricht ungefähr der Säure von Apfelschorle. Hochmoorpflanzen haben sich darauf eingestellt. Und nicht nur das. Torfmoose versauern ihre Umgebung absichtlich, um sich die Konkurrenz vom Leib zu halten.

Klar ist auch, dass es im Wechselspiel der Elemente unzählige Varianten gibt. Wenn man so einen Boden in seine chemischen Einzelteile zerlegt, sieht man zweierlei: Zum einen ist es viel komplizierter als gedacht. Zum Glück sind es zum anderen nicht viele Elemente, die über Wohl und Wehe des Bodens entscheiden. Das ist ein kleiner Trost für Bauern und Hobbygärtner. Wenn sie es genau wissen wollen, können sie eine Bodenprobe auf Herz und Nieren prüfen lassen. In einem Speziallabor. Den einfachen Weg kann man heute bereits mit einem Schnelltest aus dem Gartencenter beschreiten. Auch dabei werden die wichtigsten Parameter der heimischen Scholle analysiert: Neben der Bodenart und dem Humusanteil sind das pH-Wert, Phosphor-, Kalium- und Magnesiumgehalt.

Natürlich braucht eine Pflanze noch mehr. Es gibt absolut lebensnotwendige Nährstoffe wie eben Kalium, Magnesium, Eisen, Zink oder Phosphor. Diese sind es, aus denen die Pflanzen ihre Blätter, Stängel, Organe aufbauen, die sie am Leben erhalten. Sie brauchen einige davon in großen Mengen, andere in winzigen Spuren. Fehlt ein Element, kränkelt die Pflanze. Das Pflanzenäquivalent zur Blässe um die Nase sind beispielsweise gelbe Nadeln bei Kiefern oder Fichten. Das deutet auf Magnesiummangel hin. Zu wenig Kupfer äußert sich in weißen Blatträndern und absterbenden Spitzen.

Daneben reichern die Pflanzen auch Elemente an, die für sie selbst nicht überlebenswichtig sind. Das bekannteste Beispiel dafür ist Jod. Die Pflanze hat nichts davon, wohl aber der Mensch, der dieses Element braucht.

Global gesehen geraten neue Nährstoffe immer wieder ganz natürlich in die Ökosysteme. Zuallererst ist der eigene Untergrund eine wichtige Quelle. Das Gestein unter dem Boden verwittert und liefert so neues Futter. Das funktioniert aber nur dort, wo die Böden nicht zu tiefgründig verwittert sind. In den Tropen sind viele Böden sehr alt und dementsprechend ausgelaugt. Das Ausgangsgestein liegt 30 bis 50 Meter unter der Oberfläche.

Hilfe kommt aus der Luft. Vulkane können neue Nährstoffe liefern. Untersucht wurde das nach dem Ausbruch des isländischen Vulkans Eyjafjallajökull im Jahr 2010. Dabei hatte man allerdings vor allem die Auswirkungen auf die Ozeane beobachtet; die Vulkanasche hat das Algenwachstum im Meer immens gefördert.

Gelegentlich werden auch wir Zeuge, wie Stäube gewaltige Strecken wandern. Wenn der Wind günstig steht, weht es Staub aus der Sahara zu uns. Ein feiner rötlich-gelber Film bedeckt dann unsere Autos. Der Saharastaub ist ein fernes Echo einer Zeit, als die Sahara noch grün und fruchtbar war. Während der Eiszeit gediehen dort zahlreiche Pflanzen, und ihre Reste, vermengt mit klein gemahlenem Gestein, wirbeln hoch in die Luft. 500 Millionen Tonnen jedes Jahr! Und allein 40 Millionen davon gelangen bis nach Südamerika und düngen so den Regenwald.

Aus der Luft kommt auch ein anderer Dünger: Vogelkot. Manch Eiland lebt von dem Nährstofftransfer aus dem Meer – in Form verdauter Fische. Ähnliches gilt auch für Knochen. Stirbt in der Tundra ein Tier, ist sein Körper wertvoller Nährstoff. Auf den kargen Böden der Arktis sammeln sich besonders gerne fröhliche, kleine Blumen um die Gebeine eines Wals oder Eisbären. So ist der Tod des einen das Glück des anderen.

Schon früh sind Menschen zu der Erkenntnis gekommen, dass Boden mehr bringt, wenn man ihm etwas gibt. Hört sich banal an, ist aber tatsächlich etwas, das die Menschheit den größten Teil ihrer Bauerntätigkeit immer wieder beschäftigt hat. Die Ersten, die wieder etwas auf die Felder brachten, waren wohl minoische Bauern. Nur vom abgestimmten Kunstdünger war man noch ein paar Tausend Jahre entfernt. Das Zeug aus der Toilette und aus den Ställen kam damals wieder auf den Acker. Ein perfekter Kreislauf.

Auch einige Helden des antiken Griechenlands kannten das Geheimnis üppiger Ernten. Homer berichtet, dass Odysseus, der Bezwinger Trojas, des Zyklopen, unzähliger Gefahren und findiger Seemann auch ein Mann für die Scholle war. Auf seinem Hof auf Ithaka gab es demnach einen Misthaufen, den die Knechte regelmäßig auf die Felder verteilten.

Neben Fäkalien streute man bereits im Altertum Asche auf die Felder, mischte Mergel unter und Kompost. Das alles aber mitunter wenig systematisch, denn selbst Mist war nicht immer einfach zu bekommen. Wenn die Tiere durch die Gegend getrieben wurden, damit sie sich selbst ihr Fressen suchten, sammelte sich kein Kot an, den man hätte ausstreuen können.

Mitunter sind Viehhirten heute noch gern gesehen, wenn sie ihre Tiere auf die abgeernteten Felder treiben. Die Raika im indischen Bundesstaat Rajasthan ziehen mit ihren Dromedaren im Winter über die Äcker. Die Bauern freuen sich über jeden kleinen Kötel, der liegen bleibt.

In Ägypten war man etwas weiter. Oder besser: Man hatte einen zuverlässigen Verbündeten. Dort gelangten regelmäßig frische Nährstoffe mit dem jährlichen Nilhochwasser auf die Felder. Sozusagen frei Haus. Die Ägypter hatten noch andere Helfer: Tauben. Die Vögel wurden schon früh in großen Taubenhäusern beherbergt, die einzig und allein dem Sammeln von Dünger dienten.

Besonders Persien war für seine *Kabutar chaneh*, seine Taubenhäuser, berühmt. Allein in Isfahan soll es zeitweise 3000 gegeben haben, in denen jeweils rund 5000 Tauben lebten. Da kommt eine Menge Mist zusammen. Heute zeugen gut einhundert dieser Taubenhäuser weiterhin vom Einsatz der Vögel für die Landwirtschaft.

Auch der Kot anderer Vögel spielt noch eine Rolle. Pinguine, Kormorane, Tölpel fressen Fisch und scheiden die Überreste wieder aus. Gerade vor den regenwarmen Küsten Südamerikas wird der Dreck nicht abgewaschen und sammelt sich mitunter seit Jahrhunderten. Ein Bestandteil des Kots, das Guanin, mischt sich mit kalkhaltigem Untergrund, und es entsteht der

Guano, der reich an Phosphaten und Mineralien ist. Guano wird seit dem 19. Jahrhundert im großen Stil gewonnen und zu Dünger verarbeitet.[10] Mittlerweile sind viele Vorkommen aber ausgebeutet, sodass man auf Ersatzstoffe umstieg; eine Zeit lang war es etwa üblich, Fischabfälle und selbst zerriebene Maikäfer als Dünger auszubringen. Heute hat man etwa vor Namibia Plattformen ins Meer gebaut, um Vogelkot zu sammeln. Und inzwischen nimmt man sogar Fledermauskot, um den Pflanzen etwas Gutes zu tun.

Neben Mist hatten sich im Laufe der Zeit noch ein paar andere Tricks durchgesetzt, wie man dem Boden wieder ein wenig auf die Sprünge helfen konnte. Die sogenannte Gründüngung ist auch heute noch ein probates Mittel. Dabei lässt man beispielsweise Klee oder Lupinen einfach wachsen und pflügt sie dann unter, arbeitet sie in den Boden ein. Der Clou ist, dass diese Pflanzen Bakterien an ihren Wurzeln haben, die Stickstoff aus der Luft sammeln und speichern.

Gängig war und ist es immer noch, dem Boden eine Verschnaufpause zu gönnen. Die Römer bebauten immer nur eine Hälfte ihres Landes; die andere lag brach. In Palästina galt das siebte Jahr als Sabbatjahr für die Erde. So heißt es im 2. Buch Mose: »Sechs Jahre kannst du in deinem Land säen und die Ernte einbringen; im siebten sollst du es brach liegen lassen und nicht bestellen. Die Armen in deinem Volk sollen davon essen, den Rest mögen die Tiere des Feldes fressen. Das Gleiche sollst du mit deinem Weinberg und deinen Ölbäumen tun.«

Und auch bei uns war die Brache fester Bestandteil bäuerlicher Planung. Im Mittelalter blieb eins von drei Feldern ungenutzt oder diente lediglich als Weide. Das Prinzip ist nicht verkehrt, denn so gibt man der Erde Zeit, Mineralien aus dem Grundgestein herauszulösen und die Nährstoffbatterie wieder aufzufüllen. Vor allem ein ausgeklügelter Wechsel von Feldfrüchten tut dem Boden gut.

An diesem Prinzip hielt man über die Jahrhunderte hin fest. Wenn man sich überhaupt darum scherte und nicht Gott, den Teufel oder den bösen Nachbarn für miese Ernten verantwortlich machte. Doch die bescheidenen Mittel, die unsere Altvorderen einsetzten, konnten dem Boden nicht dauerhaft helfen. Wenn keine Nährelemente mehr vorhanden waren, konnten sie auch nicht mobilisiert werden. Schon der antike Philosoph und Naturforscher Seneca berichtet im ersten Jahrhundert von dem *loci senium*, der »Altersschwäche des Bodens«.

Ein Deutscher erkannte die Zusammenhänge von Nährstoffbedarf und Pflanzenwachstum als Erster. Carl Sprengel formulierte 1828: »Wenn eine Pflanze zwölf Stoffe zu ihrer Ausbildung bedarf, so wird sie nimmer aufkommen, wenn nur ein einziger an dieser Zahl fehlt, und stets kümmerlich wird sie wachsen, wenn einer derselben nicht in derjenigen Menge vorhanden ist, als es die Natur der Pflanze erheischt.« Als Minimumgesetz ist das heute Allgemeingut, denn er verwendete ein eingängiges Bild: Ein Fass hat unterschiedlich lange Dauben. Es kann nur so weit gefüllt werden, wie es die kürzeste Daube erlaubt. Die Dauben stehen dabei für einzelne Nährstoffe, die Füllmenge für das Pflanzenwachstum. Demnach kann eine Pflanze nur so weit gedeihen, wie sie mit allen Elementen versorgt ist. Mangelt es an einem Nährstoff, lässt sich das nicht durch das Mehr eines anderen Nährstoffs ausgleichen.

Ein anderer Deutscher brachte Sprengels Idee groß raus und machte aus Halbwissen und Bauchgefühl eine Wissenschaft: Justus von Liebig. Er erkannte, dass es nicht Mist allein ist, den die Pflanzen brauchen. Hinter dem Wachstum stecken einfache anorganische Verbindungen. So schrieb er 1840 in seinem Buch *Die Chemie in ihrer Anwendung auf Agricultur und Physiologie*: »Als Prinzip des Ackerbaus muss angesehen werden, dass der Boden in vollem Maße wiedererhalten muss, was ihm genommen wurde; in welcher Form dies Wiedergeben geschieht, ob in der

Form von Exkrementen, oder von Asche oder Knochen, dieses ist wohl ziemlich gleichgültig. Es wird eine Zeit kommen, wo man den Acker, wo man jede Pflanze, die man darauf erzielen will, mit dem ihr zukommenden Dünger versieht, den man in chemischen Fabriken bereitet.«

Er hatte damit einen Weg gefunden, dem Hunger erstmals in der Menschheitsgeschichte Paroli zu bieten. Nährstoffe konnten fortan künstlich hergestellt werden. Ein Glücksfall für die Menschheit. Pech nur, dass Liebig auch nicht perfekt war. Denn sein Dünger war wasserunlöslich und konnte nicht von den Pflanzen aufgenommen werden. Erst Anfang des 20. Jahrhunderts gelang es zwei anderen Deutschen, die Grundlagen eines industriell produzierten Kunstdüngers zu schaffen. Fritz Haber und Carl Bosch entwickelten ein Verfahren, bei dem der Stickstoff aus der Luft in Ammoniak umgewandelt wird. Zusammen mit Kohlendioxid wird daraus Harnstoff. Und der lässt sich leicht zu Dünger weiterverarbeiten. Was Liebig nicht ahnen konnte: Der künstliche Dünger hat auch seine Schattenseiten. Siehe Zombieböden. Aber dazu später mehr.

Das große Versprechen des künstlichen Düngers war ein Ende des Hungers auf der Welt. Doch das ist nicht in Sicht. Im Gegenteil. Manch Experte sieht sogar eine Katastrophe voraus, weil ein Nährstoff fehlt. Es geht um Phosphor. Tiere und Pflanzen brauchen ihn zum Leben. Phosphorsäureester, Einfachzucker und Basen kodieren gemeinsam das Erbgut. Phosphor ist auch entscheidend beim Energiehaushalt der Organismen, und schließlich verleiht er auch Knochen ihre Stabilität. Die moderne Landwirtschaft setzt auf Phosphatdünger. Doch die Vorkommen sind endlich, und niemand weiß, ob sie noch zwei Jahrzehnte oder zwei Jahrhunderte reichen. Sicher ist nur: Sie sind irgendwann abgebaut. Spätestens dann muss der wertvolle Stoff wieder aus Exkrementen zurückgewonnen werden.

Die Bodenchemiker bedienen sich heute auch anderer Stoffe

als purem Dünger, um Pflanzen bestimmte Eigenschaften mitzugeben. Bioregulatoren sind der letzte Schrei. Dadurch sind Trockenheit und Kälte besser zu ertragen. Noch weiter gehen Stoffe wie Chlormequat. Sie wirken wie Pflanzenhormone und werden seit den 1960er Jahren im Getreideanbau eingesetzt. Die Chemikalie führt dazu, dass die Halme von Weizen, Roggen oder Hafer nicht so lang werden. Auf diese Weise kann die Pflanze mehr Energie in den Aufbau der Körner stecken. Obendrein knicken die kurzen Halme nicht so schnell ab.

Mit den Nährstoffen, dem Wasser, dem Wissen um pH-Wert und Größe der Bodenpartikel lässt sich ein Idealboden zusammensetzen. Zumindest ein Boden, der unserer Vorstellung davon nahekommt. Er enthält demnach viele Dreischichttonminerale, ist gut mit mittelgroßen Poren durchsetzt, hat einen leicht sauren pH, ausreichend Wasser und am besten kalkreiches Gestein unter sich. So kann man einen Bauern glücklich machen. Doch halt! Wir haben erst die unbelebten Teile ins Puzzle eingebaut. Was aber wäre ein Boden ohne das Lebendige? Das hat natürlich auch eine Chemie und rührt kräftig im Boden mit herum.

Kapitel 4
Es kreucht und fleucht im Untergrund

»Regenwürmer sind die Eingeweide der Erde.«
Aristoteles

Regenwürmer kennt jedes Kind. Könnte man meinen. Aber wie sie leben, was sie da unten treiben und vor allem: wie groß sie tatsächlich werden ... Sie sind wie die meisten Bodenorganismen immer noch Fremde für uns. Wer weiß schon, dass Regenwürmer Haare haben? Und dass sie keinesfalls zu zwei Regenwürmern werden, wenn man sie durchschneidet? Ebenso unbekannt ist den meisten Menschen ein heimisches Exemplar, das lang wie ein Unterarm wird. Im Südschwarzwald hockt so ein Tierchen im Untergrund, das in vielen Eigenschaften noch ungewöhnlicher als seine Verwandten ist und das obendrein kein Ende zu haben scheint. Aber der Reihe nach.

Der Schwarzwald wird beherrscht von dunklen Wäldern. Wie der Name auch sagt. *Silva nigra* nannten ihn schon die Römer – schwarzer Wald.[II] Obwohl er natürlich keinesfalls schwarz war. Aber die sonnenverwöhnten Südeuropäer hatten Respekt vor den Bäumen oder vielmehr: vor dem, was dort in den Schatten lauern könnte. Der Schwarzwald war jedenfalls nicht die beste Gegend für Römer und – Regenwürmer; die Eiszeit hatte die Böden Deutschlands tiefgefrieren lassen und die fleißigen Tiere sehr erfolgreich und weitestgehend vertrieben. Einiges Terrain hatten sie nach dem Rückzug der Gletscher wieder gutmachen können, auch im Schwarzwald. Vor allem dort, wo allerhand Buchen, Eichen, Tannen an den Hängen wuchsen. Doch auf den ungemütlichsten Höhen, wo wettererprobte Fichten ihr Auskommen fanden und sich gegen Kälte und Wind behaupteten, hielt es kein Regenwurm aus.

Dem Wurm könnte im Prinzip das Wetter egal sein. Im Boden ist er gut geschützt, meistens lässt es sich selbst im Winter ganz gut unter der Erdoberfläche aushalten. Das Problem ist vielmehr, dass die Nadeln von Fichten, aber auch von Tannen oder Kiefern für Bodenlebewesen schwer verdaulich sind. Zu viel natürliche Chemie steckt in ihnen. Die Nadeln tragen eine Wachsschicht, sind gefüllt mit Harz und ätherischen Ölen. Obendrein sind sie kompakter, fester und zäher als etwa ein leicht verdauliches Ahornblatt. Kein Wunder, denn die Nadeln müssen in der Regel länger als ein Jahr halten. Und wenn sie dann abfallen, bilden sie ordentliche Polster auf dem Boden. Immer wieder neue Nadeln kommen hinzu, sodass die Schicht dicker und dicker wird. In Nadelwäldern des Nordens ist sie mitunter einen halben Meter stark. In den langsam dahingammelnden Nadeln entstehen organische Säuren, die dem Boden - nach menschlichem Verständnis jedenfalls - nicht gut tun. Sie waschen Mineralien aus und bilden noch schwerer zu knackende Verbindungen. Das Profil unter Nadelwäldern sieht fahl aus, ausgeblichen wie eine Jeans der 80er Jahre.

Im Schwarzwald tritt nun ein echter Spezialist auf den Plan, unser Regenwurm vom Kapitelanfang. Denn *Lumbricus badensis*, wie der Badische Riesenregenwurm von Bodenkundigen respektvoll auf Latein bezeichnet wird, ist in der Lage, der Nadeln Herr zu werden. Wo er auftaucht, zeigt der Boden nicht die typischen Begleiterscheinungen von Nadelwäldern. Doch der ausgewiesene Spezialist ist nur in einer kleinen Region rund um den Feldberg zu finden. Er ist ziemlich allein, denn seinen Regenwurmkollegen ist es hier zu ungemütlich. Wenn Regenwürmer nämlich eins hassen, dann ist es ein saurer Boden. Wie Dracula das Morgenrot meiden sie solche Substrate. Sonnenlicht mögen Regenwürmer übrigens auch nicht.

Doch auch unser badischer Freund macht sich rar. Kaum bekommt man ihn einmal zu Gesicht. Er ist vorsichtig wie seine Artgenossen, denn mit seinem sehr rudimentären Sehsinn entgeht ihm das meiste. Nur Hell oder Dunkel ist seine Welt. Für das Leben in ständiger Nacht reicht das auch. Manchmal schaut der Regenwurm aber trotzdem aus seiner Röhre heraus, immer bereit, sich schnell wieder ins Erdreich zurückzuziehen.

Für einen hungrigen Dachs wäre er ein Happen der Superlative, denn der Wurm trägt seinen großem Namen zu Recht und wird länger als einen halben Meter. Drei ausgewachsene Exemplare entsprechen dem Gewicht einer Tafel Schokolade.

Trotz seiner Größe ist er der Wissenschaft lange verborgen geblieben. Der Badische Riesenregenwurm wurde erst 1906 vom Hamburger Zoologen Wilhelm Michaelsen beschrieben. Regenwurmforscher vermuten, dass er sich erst nach der letzten Eiszeit aus anderen Arten entwickelt hat. Vielleicht sind seine Vorfahren in Wurzelballen auf dem Rhein herübergesegelt und fanden im Schwarzwald ihr regenwurmfreies Terrain. Den Ahnen des Riesenwurms gefiel es wohl dort, und um zu überleben, mussten sie mit dem klarkommen, was es da zu fressen gab. Nadeln eben.

Es entstand ein echter Spezialist. Dabei wuchs er und wuchs und ist mittlerweile Deutschlands größte Regenwurmart. Auf diese Weise war er in der Lage, ohne sein Loch verlassen zu müssen, aus größerer Entfernung Futter in die Erde ziehen. Er konnte auch tiefer graben und war ganz allgemein wesentlich robuster als die Mimosen, die nur feine Laubblätter vertilgen und es sich in milden Gegenden gut gehen ließen.

So kommt es, dass der Wurm nicht nur sehr groß ist. Seine

Wohnröhre reicht auch mehr als zwei Meter tief ins Erdreich. Ein Regenwurmalltag ist ja nicht sehr abwechslungsreich: Nadeln in die Röhre ziehen, einschleimen, warten, dass Mikroorganismen das Zeug anverdauen. Ganz ähnlich übrigens, wie das Kühe machen. Auch die setzen beim Grasfressen ja bekanntlich auf die Hilfe von Bazillen. Nur dass Wiederkäuer im Pansen verdauen und Regenwürmer Geduld haben. Wenn die Nadeln dann schön mürbe sind, verspeist der Wurm das organische Material mit den hilfreichen Zersetzern. Einen Teil seines Kots setzt er wieder an die frische Luft. Mit dem Rest tapeziert er seine Wohnröhre. Vielleicht nicht sehr appetitlich, aber nützlich, denn damit verbessert er den Boden. Nährstoffe kommen schneller wieder zu den ewig hungrigen Pflanzen.

Diesen Job können Badische Riesenregenwürmer 20 Jahre lang erfüllen. So alt werden sie unter günstigen Umständen. Andere Regenwürmer erreichen im Labor auch schon mal zehn Jahre, das Durchschnittsalter liegt allerdings bei zwei Jahren. Als wenn das nicht schon bemerkenswert genug wäre, betreiben Riesenregenwürmer auch noch Brutfürsorge. Denn der/die liebende Regenwurmvater/-mutter, die Tiere sind schließlich Zwitter, legt in der Wohnhöhle Nebenkammern für die Kokons des Nachwuchses an.

Bei allen Superlativen des Meisterwühlers vom Feldberg darf man aber seine Verwandten nicht vergessen. Denn auch wenn sie meistens kleiner[12] sind, sollte ihre Leistung als Bodenverbesserer jeden kurz auf die Knie gehen lassen, um »Danke« zu sagen. Ein besonderer Fan der Regenwürmer war Charles Darwin. Jahrzehntelang hatte er sich mit den Tieren beschäftigt und an ihrem Ruf gearbeitet, denn lange hielt man sie für Schädlinge, die dem braven Bauern die Ernte streitig machten. Darwin wies beispielsweise nach, wie emsig sie beim Umschichten der Erde sind. Er machte verschiedene Experimente, in denen er etwa einen Mühlstein von Regenwürmern vergraben ließ; pro Jahr verbuddelten sie das Trumm um 2,2 Millimeter tiefer im Garten.

Seine Lobpreisung gipfelte in *The Formation of Vegetable Mould through the Action of Worms, with Observations on their Habits*, kurz *Worms*. Das Buch erschien 1881, ein Jahr vor seinem Tod. Darwin schreibt: »The plow is one of the most ancient and most valuable of man's inventions; but long before he existed, the land was in fact regularly plowed and still continues to be thus plowed by earthworms. It may be doubted whether there are many other animals which have played so important a part in the history of the world, as have these lowly organized creatures. Without the work of this humble creature, who knows, nothing of the benefits he confers upon mankind, agriculture, as we know it, would be very difficult, if not wholly impossible.« Recht hat er; ohne Regenwürmer wäre unsere Landwirtschaft um ein Vielfaches mühsamer, wenn nicht gar unmöglich.

Darwin kann man mit Fug und Recht als Regenwurmpapst bezeichnen, aber andere hatten schon früher die segensreiche Wirkung der Würmer entdeckt. Sehr viel früher: Die Ägypter waren echte Profis in Sachen Bodenbearbeitung und der Regenwurm als wichtiger Helfer gern gesehen. Es war eben nicht nur der Schlamm, den der allmächtige Nil auf die Felder spülte, sondern auch der armlose Wühler. Das ging so weit, dass die Pharaonin Kleopatra die Tierchen für heilig erklärte. Ihr Export wurde kurzerhand verboten.

Ihr keineswegs selbstloses Tagwerk verrichten die Regenwürmer auch ohne königlichen Segen. Und das seit mehr als 100 Millionen Jahren. Regenwürmer haben schon den Boden unter Dinosaurierfüßen umgegraben. Die frühsten Ahnen der Würmer sind erstmals vor rund 600 Millionen Jahren auf der Erde gewesen. Und die eigentlichen Regenwürmer entwickelten sich, wie eine Untersuchung ihres Erbguts ergab, aus im Meer lebenden sesshaften Borstenwürmern. Ihr Siegeszug begann erst, als die Bäume anfingen, regelmäßig ihr Laub abzuwerfen. Eine gewaltige Futterquelle tat sich auf, und die Regenwürmer hatten einen reich gedeckten Tisch – alljährlich.

Heute leben auf beziehungsweise in der Erde rund 670 Arten, in Deutschland 46. Nur die Polargebiete und Wüsten sind wurmfrei. Dort ist der Boden entweder gefroren oder aber zu trocken. Und wenn Regenwürmer außer saurem Boden noch etwas nicht leiden mögen, dann ist das Trockenheit. Wobei es immer wieder Überraschungen geben kann. Siehe Badischer Riesenregenwurm. Bislang ist er die einzige Art, von der sicher ist, dass sie wirklich nur in Deutschland, in diesem eng gefassten Terrain vorkommt. Er ist somit endemisch. Im Jahr 2014 berichtete das Senckenberg Museum für Naturkunde in Görlitz über die Ergebnisse einer Regenwurmvolkszählung, einer ersten umfassenden Inventur heimischer Arten. Die Experten wollen nicht ausschließen, dass sich zwischen Nordsee und Alpen noch weitere Überraschungen durch die Erde graben.

Die bekanntesten Vertreter unserer Regenwurmgemeinschaft sind der Gemeine Tauwurm (*Lumbricus terrestris*) und der Kompostwurm (*Eisenia fetida*). Spezialitäten wie den Stubbenwurm (*Dendrobaena octaedra*), der sich am morschen Holz alter Baumstümpfe labt, oder den Smaragdgrünen Regenwurm (*Allolobophora smaragdina*), der in den Alpen lebt, kennen nur wenige Menschen. Aber bei allen unbekannten Leistungen weiß jeder zumindest ungefähr, was sie grundsätzlich tun: den Boden durchlöchern und düngen.

Und das machen sie mit einer unglaublichen Effizienz, die Darwin und Kleopatra und natürlich jeden Gärtner und Bauern beeindruckt. Sie wühlen und fressen. Und dann diese Kraft: So ein Würmchen muss sich allein durch stetes Zusammenziehen und Strecken seines Körpers durchs Erdreich bewegen. Dabei helfen ihm sein dehnbarer Hautmuskelschlauch und viele kleine Borsten auf den einzelnen Körpersegmenten. Sie sind fast so etwas wie ein Ärmchen-Ersatz, denn mit ihnen zieht er sich vorwärts. Er bohrt sich mehr durch den Boden, als dass er gräbt. Dabei zählt er zu den stärksten Tieren der Welt: Das 50-Fache seines Körpergewichts drückt er weg wie nichts. Eine 60 Kilogramm schwere Menschenfrau könnte sich mit diesen Superkräften drei Kleinwagen unter den Arm klemmen.

Schwer vorstellbar, nicht? Genauso unglaublich scheint es, wenn man sich vorstellt, in welchen Mengen sie unter uns wühlen. Wie wäre es damit: Wenn ein Bauer auf einer durchschnittlichen Wiese zwei Kühe hält, die gemeinsam rund 1000 Kilo auf die Waage bringen, entspricht das in etwa dem Gewicht der Regenwürmer, die unter der Wiese leben.

Und diese Regenwürmer wühlen und fressen. Und scheiden selbstverständlich Unverdauliches wieder aus. Eine Menge. Unsere Tonne voller Regenwürmer von der Weide mit den zwei Kühen produziert im Jahr 200 Tonnen Kot. Die kleinen ringelförmigen Häufchen, die man fast überall finden kann, sind der Beleg für ihr Tun. Jede dieser Kotportionen ist Manna für Blumen, Gemüse, Gras oder Bäume. Nur dass es nicht vom Himmel gefallen ist, sondern aus dem Darm eines Wenigborsters herausgedrückt wurde. Die Häufchen nehmen es mit bester Gartenerde auf. Sie sind für Pflanzen leicht verdaulich. Zum Beispiel steckt in Regenwurmkot sehr viel Stickstoff, und zwar das gut Fünffache im Vergleich zur Gartenerde. Auch doppelt so viel Kalk und das Siebenfache an Phosphor enthält dieses Wunderzeug. Obendrein verteilen Regenwürmer diese Nährstoffe kostenfrei und systematisch auf und in der Wiese. In ihrem Gangsystem leben zusätzlich noch stickstoffbindende Bakterien.

Und als wäre das nicht alles schon genug, sorgen sie durch ihr emsiges Treiben auch für eine regelmäßige Durchmischung des ganzen Substrats. Es ist wie ein stetes Umgraben. Nur dass der Regenwurm dabei sehr behutsam ist. Er lockert und lüftet den Boden, ohne die Struktur wesentlich zu stören. Ganz anders als ein Spaten oder ein Pflug.

Um wieder auf unsere Tonne Regenwürmer von der Wiese zurückzukommen: Ihr Gangsystem kann 4500 Kilometer lang sein. Die kleinen Regenwürmer schaffen damit unter unseren Füßen eine Strecke, die von Gibraltar bis zur Südspitze Spitzbergens in der Arktis reichen würde. Das Ganze natürlich kreuz und quer im Raum. Auch dadurch ist Boden also mitnichten ein Block. Er ist voller Luft. Die Regenwurmgänge wiederum werden von Pflanzen gerne genutzt. Mit ihren Wurzeln tasten sie sich durch die Hohlräume in tiefere Bodenschichten und erleichtern ihnen das Graben nach Nährstoffen. Der Regenwurm ist so etwas wie der Pfadfinder für das Grünzeug. Obendrein kann Regenwasser leichter in den Boden dringen und gegebenenfalls abfließen.

Schließlich arbeiten Regenwürmer sogar als Gesundheitspolizei. Indem sie Blätter in den Untergrund ziehen, verfrachten sie Pilzsporen oder sogar Schädlinge in die Tiefe. Danke, Regenwurm.[13]

Regenwürmer sind wohl die bekanntesten, aber beileibe nicht die wichtigsten oder gar zahlreichsten Lebewesen unter unseren Füßen. Sie sind allenfalls tauglich als das Wappentier der Bodenkundler. Wenn diese denn so eins hätten. Eine gute Chance, auf den Schild gehoben zu werden, gäbe es allerdings auch für andere. Manche von denen würden optisch sogar etwas mehr hermachen als ein Wurm.

Im Boden herrscht ein reges Gewimmel. Es ist schwer zu begreifen, wie das ganze Leben in diese scheinbar unbelebte Erde passt. Wir nehmen den Untergrund nicht als Lebensraum war. Und doch ist das, was sich da abspielt, viel entscheidender für unseren Alltag als das Geschehen an der Oberfläche. Der Boden ist Backstage von der Bühne des Lebens, wie wir es sehen. Alle Pflanzen und damit die Tiere und letztlich auch wir hängen daran, wie gut die Bodenorganismen ihre Arbeit machen können. Was wären die Künstler im Theater ohne Ton, Licht, Schminke, Catering und Souffleur?

Neben unseren Regenwürmern hat sich eine bunte Vielfalt auf die speziellen Bedingungen da unten eingelassen. Steckt man eine Fläche von einem Quadratmeter ab, gräbt 30 Zentimeter tief und zählt geduldig, wer in diesem winzigen Haufen Dreck lebt, braucht man keine weiteren Hobbys. Die Regenwürmer sind da noch schnell durchgezählt. So um die 80 dürften es sein. Schnecken finden sich 50 darin, dazu 50 Asseln, 50 Spinnen, 100 Käfer, 300 Hundert- und Tausendfüßer, 100 Zweiflüglerlarven, 10 000 Borstenwürmer. Das war einfach. Jetzt muss man schon genauer hingucken. In unserem Boden treibt sich nämlich noch viel mehr herum: 25 000 Rädertiere, 50 000 Springschwänze, 100 000 Milben und 1 000 000 Fadenwürmer. Nach einer kurzen Pause sollte man sich eine Lupe holen, denn die nächste Kategorie Bodenlebewesen ist noch kleiner; Geißeltierchen zum Beispiel werden nur gut 0,3 Millimeter groß. Das ist gerade noch mit bloßem Auge zu erkennen. Aber das Erfassen der 500 000 000 000 Exemplare ermüdet dann doch auf Dauer. Wer dann noch Kraft und Zeit hat, zählt geschwind die 1 000 000 000 000 Bakterien, 10 000 000 000 Strahlenpilze, 1 000 000 000 Pilze und 1 000 000 Algen. Die Zahlen variieren natürlich, aber die Größenordnung bleibt. Damit ist mehr Leben unter einem Fuß, der auf der Wiese steht, als es Menschen auf unserem Planeten gibt.[14]

Um ein wenig Ordnung in das Gewusel zu bringen, unterscheidet man in der Bodenlebewelt, dem sogenannten Edaphon, Bodenfauna und Bodenflora. Algen, Bakterien, Flechten und Pilze gehören zur Bodenflora. Die Wurzeln der Pflanzen zählen nicht dazu; sie kommen erst wieder ins Spiel, wenn es um die Summe der gesamten Biomasse in der Erde geht.

So zahlreich die Mikroorganismen sind, so fremdartig erscheinen sie uns. Allein ihre wissenschaftlichen Namen richtig zu buchstabieren gelingt nur einer kleinen Schar von Menschen. Am einfachsten geht es noch bei den Algen. Häufig sind es Grün-, Blau- und Kieselalgen. Oder in Fachtermini: Chlorophyceen, Cyanophyceen und Diatomeen. Naturgemäß wachsen sie nur in den obersten Millimetern der Erde, dort, wo noch etwas Licht einfällt. Manchmal arbeiten bestimmte Algen mit Pilzen zusammen. Diese neuen Organismen heißen Flechten und zählen zu den erfolgreichsten Symbiosen des Planeten. Flechten sind zäh und helfen vor allem, wenn es darum geht, als Pionier ein Stück Stein zu besiedeln. Sie lösen Minerale aus der harten Struktur heraus. Langsam zwar, aber beständig. Alles in allem sind Algen im Boden jedoch im Vergleich zu den anderen Kleinstlebewesen Statisten.

Pilze stehen da schon mehr im Rampenlicht. Manche von ihnen zeigen sich sogar an der Oberfläche. Champignons, Fliegenpilze oder Pfifferlinge sind bekannte Bodenlebewesen, die ans Licht kommen. Oder vielmehr ist das, was wir sehen, nur der sichtbare Teil von ihnen. Im Grunde sind Stiel und Hut nämlich nur so etwas wie die Früchte der Pilze. Der eigentliche Pilz lebt im Untergrund und wird manchmal um ein Vielfaches größer als das Gebilde, das oben rausschaut. Rekordhalter ist im Moment ein Hallimasch, dessen unterirdisches Geflecht eine Fläche von 6,5 Quadratkilometern besiedelt und grob geschätzt 2500 Jahre alt ist. Aber nicht alle Pilze werden zu solchen Giganten. Manche bleiben klein und unscheinbar.

Pilze leisten vieles und sind vielfältig; sie kommen als einzelne Zellen daher, oder sie bilden das schon erwähnte Geflecht, das sogenannte Mycel. Das sind Stränge, die an Wurzeln erinnern und aus einzelnen fadenförmigen Hyphen aufgebaut sind. Im Grunde ist das Mycel der eigentliche Pilz. Und genau wie bei den Regenwurmgängen kann das Netz aus diesen Pilzwurzeln unglaublich lang sein. Ein einziges Gramm, also eine

Messerspitze Boden, kann 100 Meter Pilzgeflecht enthalten. In einem Gramm! Pilze kommen mit ihrem Geflecht überallhin.

Es gibt ganz unterschiedliche Arten, Pilze in Gruppen einzusortieren. Etwa nach ihrer Verwandtschaft: Da gibt es die Schimmelpilze, Schleimpilze und Ständerpilze. Zu Letzteren zählen die bereits erwähnten Fliegenpilze, Champignons und Pfifferlinge. Aber auch viele andere, die wir essen oder zumindest auf den ersten Blick erkennen.

Schimmelpilze sind auch keine Unbekannten. Und Schleimpilze hat auch jeder schon einmal gesehen, wenn auch vielleicht nicht als solche wahrgenommen. Sie sind Einzeller, wobei die eine Zelle mehrere Quadratzentimeter groß sein kann. Genau genommen sind sie keine eigentlichen Pilze, Experten sehen sie irgendwo zwischen den Tieren und Pilzen. Jedenfalls sind sie intelligente Mitspieler im Boden.

Viel spannender ist es, die Pilze nach ihrer Art der Ernährung, nach ihrem Lebenswandel einzuteilen. So sind Mykorrhiza-Pilze vom Typus freundlicher Helfer. Sie arbeiten eng mit Pflanzen zusammen, indem sie die Wurzeln mit ihrem Mycel umschließen oder gar in sie hineinwachsen. Zum Glück. Denn der Pilz hilft der Pflanze und liefert Nährstoffe und Wasser. Mit seiner viel feineren Struktur vergrößern sich die Oberfläche und Einzugsmöglichkeit enorm. Die feinen Pilzhyphen können noch in winzigste Bodenfragmente eindringen, für die die Wurzelhaare der Pflanze viel zu grob sind. Im Gegenzug bekommt der Pilz etwas von den Kohlenstoffverbindungen, die im Blatt der Pflanze aus Sonnenlicht, Wasser und Kohlendioxid hergestellt werden. Platt gesagt, liefert der Pilz Salz und Wasser und bekommt dafür Zucker. Das Modell ist so erfolgreich, dass wenigstens 80 Prozent aller Landpflanzen auf diese Symbiose setzen. Wahrscheinlich haben Mykorrhiza-Pilze es überhaupt erst möglich gemacht, dass die Pflanzen an Land überleben konnten. Und auch heute noch sterben Pflanzen, wenn man ihnen ihren Pilz wegnimmt. Mykorrhiza-Pilze sind auch keine Unbekannten. Der schon erwähnte Fliegenpilz gehört zu ihnen und hilft beispielsweise Birken und Fichten in ihrem Alltag.

Es hat eine ganze Weile gedauert, bis man die segensreiche und überlebenswichtige Rolle der Mykorrhiza erkannt hat. Und die Pilze können noch viel mehr. Sie durchziehen den Waldboden, und es kommt vor, dass ein Pilz mit verschiedenen Baumarten verzahnt ist. Versuche mit markiertem Kohlenstoff haben sogar gezeigt, dass die Pilze im Untergrund helfen, dass es zwischen den Bäumen zu einem Stoffaustausch kommt. In Untersuchungen haben beispielsweise Birken Douglasien mit Kohlenstoffen ausgeholfen. Ein Laubbaum greift einem Nadelbaum unter die Äste? Unglaublich, nicht? Und der Mittler war der Pilz. Das bedeutet, dass Pilze im Erdreich für eine gerechtere Verteilung von Nährstoffen sorgen. Sie sind gewissermaßen der Kitt, der Waldökosysteme zusammenhält. Wer den Wald nur als Summe von Bäumen betrachtet, hat die Rechnung ohne die Helfer im Boden gemacht.

Daneben gibt es natürlich auch die weniger freundlichen Vertreter der Pilze. Sie sind allerdings genauso wichtig. Wertfrei betrachtet. Sie sind Parasiten, Schmarotzer, bringen Krankheiten und gelegentlich sogar den Tod. Vor allem die Arten, die Weiß- und Braunfäule an Bäumen verursachen, sind Förstern ein Dorn im Auge. Doch auch die Parasiten sind keineswegs boshafte Schädlinge oder gar Terroristen aus dem Untergrund. Sie haben eine wichtige Funktion. Indem sie als Gesundheitspolizei fungieren, beseitigen sie kranke oder schwächelnde Individuen. Sie sind gewissermaßen Regulatoren im System und sorgen so dafür, dass nicht eine Art dominant wird. Damit stellen sie auf ihre Art Gerechtigkeit im Wald sicher.

Manche Pilze gehen noch einen Schritt weiter bei der Nahrungsbeschaffung; sie fangen sich ihre Beute. Sie sind gewissermaßen die Krone der Pilzschöpfung und haben eine Reihe von

Tricks entwickelt, um kleiner Tiere habhaft zu werden. Mehr als 50 Pilzarten leben davon, sich im Boden einige der zahlreichen Fadenwürmer zu angeln. Das geschieht zum Beispiel über klebrige Knoten oder sogar über winzige Schlingen, die der Pilz auslegt. Der Pilz mit dem klangvollen Namen *Arthrobothys dactyloides* bildet aus jeweils drei Zellen einen Ring. Kommt ein nichts ahnender Fadenwurm vorbei und versucht sich durch diesen Ring zu wuseln, zieht sich die Falle blitzschnell zu. Eine Zehntelsekunde dauert das nur, einen Wimpernschlag. Das Tier ist gefangen, wird getötet und sofort von Pilzhyphen durchdrungen und verdaut. Der Zweifarbige Lacktrichterling (*Laccaria bicolor*) ist auch ein fleischfressender Pilz. Seine Beute sind Springschwänze, die er im Boden vergiftet, umwuchert und dann verdaut. Damit macht er seine Partnerpflanzen, zum Beispiel Douglasien oder Pappeln, zumindest indirekt zu Fleischfressern, denn der Mykorrhiza-Pilz versorgt seine Bäume mit Stickstoff, gewonnen aus den Körpern der kleinen Insekten.

Schließlich gibt es neben den Helfern und den Killern noch die Abräumer. Jene Pilze, die helfen, den ganzen Müll der Pflanzen wieder zu brauchbarem Rohstoff zu machen. Die Übergänge zwischen den Gruppen sind fließend, und manch ein Parasit wird später zu einem Leichenfledderer. Etwas eleganter nennt sie der Pilzfreund Destruenten. Aber auch das klingt irgendwie abwertend. Besser passt der Titel »perfekte Recycler«. Hört sich obendrein nach Aufräumen, Saubermachen, nach einer ehrbaren Tätigkeit an. Das können sie gut und kriegen beinahe alles klein: tote Äste genauso wie Urwaldriesen und Gartenmöbel, Tierkadaver mit demselben Appetit wie Designerkleidung. Sie sind schlichtweg genial. Sie schließen den Kreislauf des Lebendigen, indem sie die komplexen organischen Moleküle in ihre Einzelteile, das heißt in ihre Elemente zerlegen. Denn Eiweiße, pflanzliche Öle, Zellulose etc. einer toten Pflanze sind für ihre Nachfolger unbrauchbar. Kein

Baum kann vergilbtes Gras durch seine Wurzeln ziehen. Keine Blume bringt durch ein altes Blatt Farbe in ihre Blüte. Die Bausteine des Lebens müssen erst wieder als Mineralien, Kohlendioxid und einfache Stickstoffverbindungen vorliegen. Genau dafür haben Pilze in Jahrmillionen der Evolution die passenden Werkzeuge entwickelt. Es sind Enzyme. Jedes von ihnen ist ein Spezialgerät, das nur bei einem bestimmten Stoff funktioniert. Eine Schere ist ein guter Vergleich und trifft es am ehesten. Für Lignin, also das hochkomplexe und stabile Bindemittel im Holz, verwenden Pilze als Scheren Peroxidasen und Laccasen. Der Trick ist, einzelne Teile aus dem Lignin herauszureißen; das verrichten die Peroxidasen. Sie radikalisieren einzelne Atome, die dann so aggressiv werden, dass sie Elektronen aus dem Molekül vereinnahmen. Das Lignin wird dadurch instabil und kann durch weitere Angriffe in immer kleinere Stücke geteilt werden. Dies ist dann die Aufgabe der Laccasen.

Mit ihren Spezialwerkzeugen knacken Pilze sogar Plastikflaschen, das hochgiftige Dioxin oder Trinitrotoluol, besser bekannt als Sprengstoff TNT. Damit werden Bodenpilze ungewollt oder sogar gewollt zu Bodensanierern. Und nicht nur bei der Beseitigung natürlicher und menschlicher Altlasten helfen sie. Durch den gezielten Einsatz ihrer Enzyme können beispielsweise Kraftstoffe günstiger hergestellt werden. Auch manche stonewashed Jeans ist erst dank eines hungrigen Pilzes zu ihrem modischen Extra gekommen.

Eine ähnliche Jobbeschreibung wie Pilze haben viele Bakterien. Auch sie sind Zersetzer, die mit Hilfe von Enzymen organische Substanzen in Grundbausteine auseinandernehmen. Und es gibt eine Menge von ihnen. Mehr als Pilze und viel, viel mehr als Tiere. Wissenschaftler sind sich einig, dass sie einen großen Teil der Biomasse ausmachen, aber allein die Frage, wie viele Arten es da unten gibt, bleibt spannend und ein weites Feld für weitere Forschung. 1990 hat eine Analyse von Genbausteinen in besagtem einen Gramm 4000 verschiedene Spezies von Bodenmikroben ausgemacht. Andere Studien kamen gar auf die unvorstellbare Zahl von 830 000 verschiedenen Bakterien. Angesichts einer solchen Vielfalt wird einem schwindelig. Mittlerweile geht man von »nur« noch 10 000 bis 50 000 Spezies aus.

Klar ist damit auch, dass wir die meisten dieser Helfer nicht kennen. Und man findet diese Vielfalt genauso im Wald wie in einer Großstadt oder in einem Wüstenboden. Sie sind überall. Was sie alles können und wie sie es tun, sorgt immer wieder für Überraschungen. So sind Bakterien im Boden alles andere als unbeweglich. Sie reisen auf dem dünnen Flüssigkeitsfilm, der etwa Mycelien oder Wurzeln umgibt – für die Einzeller bedeutet er eine gewaltige, alles verbindende Fernstraße.

Im Vergleich mit Pilzen sind sie sogar noch bessere Recycler; es gibt fast nichts, was Bodenbakterien nicht über kurz oder lang abbauen könnten. In dem gewaltigen Artenrepertoire findet sich immer ein Spezialist mit dem passenden Werkzeug. Zudem sind die Generationen so kurz, dass Anpassung ein Leichtes ist.

Die Mikroben können aber noch mehr: Sie helfen bei der Wasseraufnahme der Pflanzen und bilden mitunter sogar Schutzschilde. Denn obwohl sie klein sind, wehren sie sich. Manchmal perfide. Bakterien führen untereinander und gegen andere Lebensformen regelrechte Kriege, und ihre Waffen sind Antibiotika. Erst kürzlich haben Forscher im Bodenbakterium *Eleftheria terrae* ein hochwirksames Toxin entdeckt. Das Teixobactin killt zahlreiche andere Bakterien, also lästige Konkurrenten um knappe Ressourcen. Das Gift greift gleich an verschiedenen Stellen der potenziellen Feinde an. Über diese Erkenntnis frohlocken Mediziner, denn mit ein bisschen Glück hilft uns die Bazille irgendwann einmal im Kampf gegen gefährliche Keime.

Tja, die Kleinsten sind die Größten im Boden. Bakterien,

Pilze, Algen und Flechten bilden die Basis, auf der das Spiel von Fressen und Gefressenwerden aufbaut. Mikroorganismen geben dem Boden den Charakter. Nur zu sehen gibt es leider nicht viel.

Wer was zu gucken haben will, muss ein paar Größenordnungen überspringen. Während Mikroorganismen mit ihren runden und länglichen Strukturen an Bonbons und Kinderspielzeug erinnern, haben die Gliedertiere das Potenzial, Albträume zu verursachen: Klauen, Panzer, viele Beine und ein Faible für die Dunkelheit. Eine Lupe reicht, und eine Hand voll Erde bietet genug Inspiration für ein Dutzend Horrorfilme. Aber man sollte den mutmaßlichen Monstern eine Chance geben; hinter der harten Schale verbergen sich hilfsbereite Workaholics. Alle haben ihre Aufgabe im Universum Boden, und faul herumliegen kann sich keine Art leisten. Wer sich nicht rührt, wird schnell wieder selbst in Bausteine des Lebens umgebaut.

Markante Vertreter der Unterwelt sind Springschwänze. Für den Boden ist diese Klasse von Urinsekten wenigstens ebenso typisch wie der Regenwurm. Seit dem Devon, vor rund 400 Millionen Jahren also, tummeln sich Springschwänze auf und in der Erde. Damit zählen sie mit zu den ersten Tieren, die das feste Land erobert haben. Echte Pioniergeister eben. Und so findet man sie überall, in der Arktis genauso wie im Blumenkasten auf dem Balkon. Sie leben auf Gletschereis, in Ameisenbauten, auf Rinde und tief im Boden. Rund 8000 Arten sind weltweit beschrieben. In der Regel messen sie zwischen einem und fünf Millimetern. Es gibt aber sogar Giganten von 17 Millimetern. Obwohl sie so mannigfaltig sind, haben sie ein paar Dinge gemeinsam. Alle tragen sechs Beine, haben einen sogenannten Ventraltubus am Hinterleib, mit dem sie sich an glatten Flächen festhalten können und der ihnen ihren wissenschaftlichen Namen eintrug: Collembolen, aus griechisch *kolla*, »Leim«, und *embolon*, »Keil«. Außerdem haben alle einen

Schwanz zum Springen. Allerdings sollte man lieber sagen »zum Fortschleudern«, denn diese Sprunggabel funktioniert so: Sie ist unter dem Leib mit einem kleinen Haken fixiert und wie eine Feder gespannt. Bei einem Reiz löst sich der Haken, und die Feder schnellt nach unten und schießt das Tierchen hinfort. Manchmal vollführen sie dabei einen Salto, manchmal fliegen sie nach vorne weg.

Bei Springschwänzen gilt die Faustregel: Je tiefer sie im Boden leben, desto kompakter und vereinfachter sieht ihr Körper aus. Dann wird die Sprunggabel zurückgebildet, wo sollte man auch hinspringen? Und das Tier wird weißlich.

Auch wenn der ein oder andere Springschwanz sich unbeliebt macht, weil er wie der Luzernefloh lebende Pflanzen annagt, sind die meisten doch gern gesehene Nützlinge. Sie fressen den organischen Müll im Boden und zersetzen ihn. Und nicht nur das: Sie sind sogar in der Lage, Schwermetalle im Boden unschädlich zu machen.

Und weil sie so weitverbreitet, leicht zu halten und empfindlich gegen Störungen im Boden sind, benutzt man sie als Bioindikatoren. Der Blumentopfspringschwanz *Folsomia candida* muss oft dafür herhalten. Er ist so etwas wie der Kanarienvogel der Bodenforscher.

Für uns ist es schwer zu fassen, wie das Leben da unter uns funktionieren kann. Für so einen kleinen Kerl ist das Bodengefüge aber alles andere als kompakt. Aus der Sicht eines Springschwanzes wandert er durch einen Irrgarten. Es ist vollkommen dunkel, doch zwischen den kleinen Bodenpartikeln gibt es Poren, kleine Gänge. Natürlich muss er manchmal über Kopf laufen, aber für ein nur Millimeter großes Tierchen sind sie groß genug – er muss nicht einmal den Kopf einziehen. Mitunter verschlägt es Springschwänze mehrere Meter unter die Oberfläche, doch meistens leben sie in den ersten zehn Zentimetern. Dort unten ist es nicht ungefährlich. Pilze machen

Jagd auf Collembolen, genauso wie einige Käfer, Milben, Spinnen und Ameisen.

Auch Pseudoskorpione schnappen sich gerne einmal einen unvorsichtigen Springschwanz. Sie sind ebenso fremdartige Bewohner des Irrgartens unter unseren Füßen. Der Name verrät schon viel darüber, wie diese Tierchen aussehen. Seine zwei Scheren sind imposant. Mit ihnen injiziert er Gift in die Körper, manchmal zerreißt er seine Opfer allerdings. Allerdings fehlt ihm der lange Schwanz mit dem Giftstachel. Und im Vergleich zu ihren Vettern braucht sich niemand vor Pseudoskorpionen zu fürchten. Es sei denn, man ist ein Springschwanz.

Spinnentiere und Insekten gibt es viele im Untergrund.[15] Unzählige Käfer, Asseln, Spinnen, Milben, Hundert- und Tausendfüßer treiben sich dort herum. Bedeutsamer sind aber noch die sogenannten Enchyträiden. Diese unbekannten Vettern der Regenwürmer kommen in riesigen Mengen im Boden vor. Auf dem Quadratmeter können sich durchaus 100 000 Exemplare tummeln. Auch sie zersetzen fleißig. Vor allem dort, wo es Regenwürmern zu sauer ist.

Unter der Erde leben natürlich auch größere Tiere, die wenigsten allerdings die ganze Zeit über. Dachse, Füchse, Kaninchen, Mäuse, Feldhamster und Murmeltiere sind lediglich zeitweise im Boden. Neben Wühlmäusen buddeln sich hierzulande nur noch Maulwürfe die meiste Zeit ihres Lebens durchs Erdreich. Allerdings ist ihre Zahl so gering, dass sie gegenüber den kleineren Lebewesen kaum ins Gewicht fallen. Im Schnitt leben auf einem Quadratmeter gerade einmal 0,01 Wirbeltiere.

Während Wühlmäuse kaum Freunde haben, gibt es echte Fans der Maulwürfe. Wie auch Regenwürmer haben es diese Bodenbewohner in die Alltagskultur geschafft. Der kleine Maulwurf verzaubert immer noch Kinder jeden Alters, und die Bahn hat einen Maulwurf mit Helm und Latzhose zum erklärenden Maskottchen gemacht, sobald irgendwo mal wieder gebaut wird. Vielleicht verzeiht man ihm die Verspätungen eher.

Die zu den Insektenfressern zählenden Tiere sind echte Bodenspezialisten, die sich perfekt an ihr Reich angepasst haben. Weil es ohnehin dunkel ist, sind ihre Augen verkümmert. Dafür haben sich ihre Vorderpfoten zu mächtigen Grabklauen entwickelt. Ihr Fell ist dunkelgrau und sehr kurz – Erde bleibt kaum in ihm haften. Und es stört auch nicht beim Rückwärtskriechen.

Maulwürfe graben emsig und schnell. Je nach Bodenart kommt er 20 Zentimeter pro Minute voran. So schaffen sie sich ein Reich von 200 Metern Strecke und bis zu einem Meter in die Tiefe. Hier flitzt er ständig hin und her, immer auf der Suche nach Käfern und Regenwürmern. Spitzengeschwindigkeit vier Stundenkilometer. Und das unter der Erde! Kein Wunder, dass er ständig fressen muss, sein Stoffwechsel verbrennt die Nahrung ebenso schnell, wie er unterwegs ist. Im Schnitt braucht er 20 Gramm pro Tag. 24 Stunden ohne Futter bedeuten den Tod.

Maulwürfe sind nicht zahlreich, haben aber ihre Aufgabe in der Lebensgemeinschaft. Auch wenn manch Gärtner ihre Hügel wenigstens lästig findet. Sie zeigen, dass der Boden gesund ist und einen Maulwurf ernähren kann. Nebenbei durchmischt er den Untergrund fleißig und frisst zahlreiche Tierchen, die dem Gärtner noch eher den Tag vermiesen können.

Welche Gemeinschaften sich in einem bestimmten Boden zusammenfinden, hängt von den Bedingungen selbst ab. Die Aufgabe ist immer gleich: die Reste von Pflanzen und Tieren zerkleinern, zersetzen und wieder verfügbar machen. Den Job erledigen unterschiedliche Teams. Vor allem die Feuchte und der pH eines Bodens sind entscheidend. Regenwürmer sind besonders in kalkreichen Böden aktiv. In sauren arbeiten die Enchyträen mit den Larven von Trauer- und Pilzmücken zusammen. Und wo der Boden zu nass ist, zerkleinern Schnakenlarven das organische Material.

Andere Böden bieten wieder ganz andere Lebensgemeinschaften: Wattböden beispielsweise haben durch den Wechsel von Ebbe und Flut extreme Bedingungen. Doch Muscheln, Borstenwürmer und Krebse haben sich darauf eingestellt und verarbeiten auf ihre Weise die Reste. Selbst in Wüstenböden gibt es Spezialisten fürs Aufräumen: Arten von Schwarzkäfern und Wüstenasseln zerkauen das wenige organische Material. Generell leben in diesen trockenen Regionen und auch in der kalten Tundra nur wenige Organismen im Boden. In beiden gibt es zu wenig Wasser, das Bodenlebewesen brauchen.

In den Tropen haben Ameisen und Termiten einen großen Teil der Arbeit der Regenwürmer übernommen. Sie sind emsige Zersetzer von Pflanzen, durchmischen den Boden und sorgen so dafür, dass die wenigen Nährstoffe immer im Spiel bleiben.

Unterm Strich bleibt festzuhalten, dass Tiere Boden machen und umgekehrt. Beide bedingen einander. Die Eigenschaften von Böden hängen von vielerlei Faktoren ab; neben ihren chemischen und physikalischen Grundlagen spielt genauso das Ausmaß eine Rolle, in dem das Wühlen und stetige Umsetzen von Stoffen vor sich geht. Die Lebensweisen der Bewohner sind somit entscheidend für die Fruchtbarkeit eines Stückchens Erde. In einem toten Boden kann auch nichts gedeihen. Eine Tierart gibt es, die einen noch größeren Einfluss auf Böden nehmen kann als alle anderen Lebensformen zusammen: der Mensch.

TEIL II

Der Mensch und sein Boden

Kapitel 5
Dreckwühler

> *»Auf der anderen Seite vom Fluss fing jetzt der kleine Tiger an zu graben. Einmal der Bär und einmal der Tiger. Erste Schaufel Erde. Zweite Schaufel Erde. Bei der fünften Schaufel Erde kam der Löwe mit der blauen Hose. ›Was macht ihr denn da, Jungs?‹, fragte er. ›Wir finden hier einen Schatz‹, sagte der kleine Tiger.«*
>
> Janosch, *Komm, wir finden einen Schatz*

Schiefer. Das ist nicht nur grauer Stein, eine erdgeschichtliche Fußnote, der Grundstoff, um ein Dach zu decken, ein antiquierter Notizzettel. Schiefer ist viel mehr. Schiefer ist Geschmackssache. So müsse in einem wirklich guten Riesling der Moselschiefer mit der Zunge nachzuschmecken sein. Heißt es. Vorzugsweise natürlich von solchen Winzern, deren Weinreben auf Moselschiefer stehen. Für die meisten Menschen ist hingegen entscheidend, ob Wein nach dem Herunterkippen keine Kopfschmerzen macht. Als Distinktionsmerkmal gilt, wenn man zum Rind eher Roten als Weißwein kredenzt. Der wahre Kenner jedoch nimmt einen kleinen Schluck eines, sagen wir mal Rieslings, spült ihn im Mund hin und her. Er schließt die Augen und hält einen Augenblick inne. Die Kunstpause ist wichtig. Dann kleidet er die Reize aus dem Glas in Worte, findet den Wein nicht einfach süß oder sauer, leicht oder schwer. Nein, nach Honig, Nüssen, Brombeeren oder eben

Schiefer würde er schmecken, erkennt die erprobte Zunge. Der Geschmack von Stein. Und so wird der Boden für echte Weinkenner mehr und mehr zu einem geschmacklichen Gütesiegel.

An einen Weißen Riesling hat vor 400 Millionen Jahren noch niemand gedacht, als damals, im Devon, ein Meer dort schwappte, wo heute die Mosel ihre hübschen Schleifen zieht. Millionen Jahre lang lagerte sich in diesem Rhenoherzynischen Ozean Schicht um Schicht ab. Mehrere Kilometer war sie schließlich stark, als die Urkontinente Laurussia und Gondwana kollidierten. Durch ständiges Biegen und Brechen wurde der alte Meeresgrund schließlich zu dem, was wir heute Schiefer nennen. Wobei es »den« Schiefer so nicht gibt; dahinter verbergen sich verschiedene Arten wie Tonschiefer oder Gneis. Genauso vielfältig ist deswegen der Anteil der verschiedenen Minerale im Gestein. Die feine Zunge eines Experten spürt dieser Mineralität im Wein nach.

Fakt ist aber leider, dass die in den Wein hineinfabulierten Aromen herzlich wenig mit tatsächlich vorhandenen Mineralien im Getränk zu tun haben. Kein einziges Mineral schafft es in die Flasche und damit letztlich in den Mund. Zu behaupten, Wein schmecke nach Schiefer, ist, nüchtern gesagt, übertrieben. Es ist eine hübsche Facette im Marketing edler Tropfen. Auf der einen Seite. Denn auch wenn niemand die chemischen Komponenten eines Bodens im Rebensaft schmecken kann, ist es natürlich so, dass andererseits ein Wein ohne seinen Boden nicht besonders werden kann.

Winzer müssen nicht nur die Kunst beherrschen, die Früchte zur richtigen Zeit zu ernten und den Wein in ihren Kellern auszubauen. Sie müssen mit den Böden spielen, wissen, welches Ausgangssubstrat welche Eigenschaften mitbringt. Hinzu kommen freilich noch Klima, Exposition (Hanglage) und Rebsorte, die bestimmen, wie der Wein im Glas schmecken wird. Das sogenannte Terroir eines Weines macht ihn deswegen nicht unbedingt besser, aber es unterscheidet ihn vom anonymen Allerweltstropfen.

Der Kenner nutzt alle Sinne, um einen Wein zu bewerten und den Geschmack greifbar zu machen. Damit unterscheidet er sich unwesentlich von einem Bodenkundler, der sein Lustobjekt prüft und einordnet. Allenfalls trägt der Bodenprofi eher Gummistiefel und bewegt sich häufiger an der frischen Luft. Aber Erfahrung und ausgebildete Sinne machen beide zu Experten ihres Fachs. Während der Sommelier auf Zunge und Auge setzt, braucht der Bodenkundler ein feines Gespür für die Textur der Erde. Er verlässt sich eben nicht nur auf chemische und physikalische Analysen, er fühlt den Eigenschaften eines Bodens nach. Die Meisterschaft darin ist zwar nicht so einfach zu erlangen, aber sich in den Grundlagen selbst einmal auszuprobieren ist gar nicht so schwer.

Wer sich dem Erdreich ohne Scheu mit allen Sinnen widmen möchte, sucht sich für den Anfang am besten eine Stelle aus, in die er leicht ein Loch graben kann. Wer will schon gegen Wurzeln und Steine antreten?

Bevor er den Spaten ansetzt, sollte er sich jedoch bücken. Klingt banal, ist aber ein guter Start für eine Analyse. Jetzt die Augen schließen und mit der Nase dicht über der Oberfläche schnuppern. Wonach riecht es? Irgendwie erdig, nicht? Der Geruch gehört zu den alten Bekannten, die fest im Gehirn sitzen, die wir schon tausendmal wahrgenommen haben. Die Erinnerungen auslösen, wie verbrannte Streichhölzer oder Kirschblüten. Die Substanz dahinter nennt der Chemiker Octahydro-4,8a-dimethyl-4a(2H)-naphthalenol oder einfacher: Geosmin[16], das ist ein Alkohol. Bodenbakterien aus der Gattung Streptomyces und der Ordnung Myxobacteria stellen ihn her. Wir reagieren recht gut darauf, die Geruchsschwelle liegt bei 0,1 ppb – ein Molekül unter zehn Milliarden anderen reicht, um den Geruch wahrzunehmen. Er ist uns vertraut: derselbe

Duft, der nach einem Regenschauer auftritt, wenn es im Sommer eine Zeit lang trocken war. Geosmin ist nicht der Geruch des Regens selbst, sondern es resultiert aus den von den Tropfen hochgeschleuderten Stoffwechselprodukten der Mikroben.

Es ist nicht der einzige wahrnehmbare Geruch, wenn man seine Nase in den Boden steckt. Etwas unangenehmer für unsere Geruchsrezeptoren ist 2-Methylisoborneol. Dieser Stoff riecht faulig, modrig und verursacht in höheren Konzentrationen sogar Kopfschmerzen. Auch er geht auf das Konto fleißiger Bodenorganismen, hier insbesondere der Actinomyceten, einer Gruppe von Bakterien, die auch Strahlenpilze genannt werden.

Natürlich ist die Palette der Chemikalien größer. So bilden bestimmte Pilze Terpene, Aromadendren oder Naphthalen. Der Stoff, der Mottenkugeln ihren typischen Muff gibt. Unterm Strich ist damit der Geruch eines Bodens Ausdruck seiner Bewohner und der Lebensbedingungen für sie. Für den erfahrenen Bodenkundler gibt die Nase so einen ersten Eindruck der Krume. Riecht es nach Pilzen, deutet es beispielsweise auf einen Moderboden mit einer Auflage aus Pflanzenmaterial hin. Etwa in einem Nadelwald, in dem Pilze einen großen Teil der Zersetzungsarbeit übernehmen. Die Hyphen, also der eigentliche Organismus des Pilzes, hat die Streu durchdrungen. Weil das so ist, lässt sich schnell voraussagen: Der Untergrund wird wahrscheinlich von den entstehenden organischen Säuren ausgebleicht sein.

Ein Boden in einem Buchenwald über Kalkstein riecht hingegen angenehm erdig. Das deutet auf ein günstiges Verhältnis von Ausgangsgestein, Wasserhaushalt und verfügbarer Luft hin. Und wenn einem beim ersten Schnuppern ein fauliger Hauch Tränen in die Augen treibt, ist das ein Hinweis darauf, dass organische Substanz ohne ausreichende Belüftung vergammelt. Der mangelnde Sauerstoff führt zur Bildung von Faulgasen wie Schwefelwasserstoff – der typische Hautgout von faulen Eiern.

Grund dafür ist etwa ein hoher Grundwasserstand oder eine regelmäßige Überflutung. Der Bodenkundler ahnt jetzt bereits, was ihn erwartet, noch bevor er die Schaufel ansetzt. Die Beurteilung mit der Nase ist fester Bestandteil einer Analyse, und die Palette der Beschreibungen einer Probe reicht von »aromatisch« über »fischig« und »jauchig« bis hin zu »süßlich«. Es sind die charakteristischen Duftmarker einer Bodenprobe.

Nach der Nase sind die Augen dran. Dafür muss man den Boden verletzen. Entweder indem ein Proberohr in den Untergrund getrieben wird. Oder indem man ein Loch gräbt. Möglichst so tief, dass zumindest die obersten Bodenschichten frei liegen. Wie in einer Schichttorte liegen jetzt die verschiedenen Bodenhorizonte übereinander. Die Farbpalette ist umfangreich, obwohl gedecktes Braun und Beige überwiegen. Bodenkundler haben eine Farbkarte, um eine gewisse einheitliche Einordnung treffen zu können. Die Farbe hat weniger ästhetische Aspekte, vielmehr verrät sie etwas über die Bedingungen im Boden. Eine eher dunkle Erde kann schlicht bedeuten, dass sie sehr feucht ist. Oder einen hohen Anteil an dunklen Humusteilchen enthält. Was wiederum einiges darüber sagt, wie fruchtbar ein Boden ist. Humus macht ihn für uns attraktiv. Ein helles Substrat hingegen weist auf einen ausgeblichenen Bodenhorizont hin. Zum Beispiel weil besagte organische Säuren durchgeflossen sind. In den Tropen herrschen rote Böden vor, rostrote Böden. Das oxidierte, »rostige« Eisen in den Bodenpartikeln verweist schon auf eine geringe Fruchtbarkeit.

Neben Farbe stechen bereits auf den ersten Blick andere Eigenschaften ins Auge: Besonders auffällig sind Schichten, die einzelne Bodenhorizonte voneinander trennen. Sie können ein Hinweis auf ausgewaschene Elemente und schließlich auf Staunässe sein. Ebenso augenfällig sind ein hoher Anteil von Steinen oder Gänge von Tieren, die den Untergrund durchziehen.

Als Bodenkundler sollte man keine Scheu vor schmutzigen

Händen haben. Eine kindliche Freude am Dreck ist nicht die schlechteste Eigenschaft und die Menge Schmutz in den Fingerrillen ein wichtiges Kriterium. Um die Bodenart, also das Verhältnis der einzelnen Korngrößen, zu unterscheiden, reicht es, wenn man ein Stück Erde in die Hand nimmt. Wie fühlt sich die Probe an? Das ist wichtig, denn so kommt man den Kornfraktionen auf die Spur. Von dem Verhältnis der einzelnen Bodenbestandteile zueinander hängt immerhin einiges ab. Grundsätzlich gilt, dass in einem Sandboden die einzelnen Körner gut zu erfühlen sind. Wenn man etwas davon in den Mund nimmt, knirscht es hörbar. Je samtiger und schmieriger sich der Boden anfühlt, desto kleiner sind die einzelnen Körnchen. Dem Bodendetektiv verrät das Knirschen im Mund, dass dieser Boden das Wasser schlecht halten kann, aber gut durchlüftet ist.

Eine gängige Methode ist es, die Erde in der Hand zu einer Wurst zu rollen; je kleiner ihr Durchmesser, desto feiner die Körner in der Probe. Fällt sie schon beim Versuch auseinander, besteht die Wurst zu einem großen Teil aus Sand. Lässt sie sich auf eine halbe Bleistiftdicke ausrollen, deutet es darauf hin, dass man es in erster Linie mit Ton zu tun hat. Und damit verrät der Boden, dass er wahrscheinlich gut nährstoffversorgt ist und über ausreichend Wasser verfügt. Aber auch, dass es mit der Luftversorgung im Untergrund nicht zum Besten bestellt sein kann.

Ein guter Hinweis ist auch das Quetschen der Probe zwischen Daumen und Zeigefinger; eine matte Fläche ist ein sicheres Zeichen für Schluff und eine glänzende Schicht aus Erde für einen Tonboden.

Mit solch einfachen Tricks ergibt sich ein gutes Bild von der Korngrößenverteilung in unserem Stück Boden. Das kann sehr differenziert sein und reicht vom reinen Sand über sandigen Schluff, schluffigen Sand, tonigen Schluff bis hin zum reinen

Ton. 31 Bodenarten lassen sich allein durch Tasten, Quetschen, Rollen und Formen bestimmen.

Auf diese Weise ergeben sich die charakteristischen Profile, die den Bodentyp verraten. Und das alles funktioniert, ohne ein Labor behelligen zu müssen. Für den Fortgeschrittenen ermöglicht ein Spritzer Salzsäure, den Kalkgehalt festzustellen. Die Lage der Fläche zur Sonne und die Wasserversorgung komplettieren dann die Beschreibung. Dank der Analyse ist klar, was in einem Boden vor sich geht und was man von ihm erwarten kann. Oder was man tun kann, um dem Boden einen Schubs in die eine oder andere Richtung zu geben. Aber das hat seine Grenzen. Ein Winzer wird gut daran tun, nicht gegen die Bodenvoraussetzungen zu arbeiten. Genauso wenig wie ein Landwirt, Gärtner oder Förster, die ebenfalls ein besonderes Verhältnis zur Krume haben.

Vor allem vom Landwirt erwartet man eine geradezu innige Liaison mit seiner Scholle und ein tiefes Verständnis. Jeder hat das Bild vor Augen: Da kniet der Bauer auf seinem Acker, zerreibt einen Brocken Erde zwischen seinen Fingern und blickt ernst in die Ferne. Landwirtschaft war immer ein Glücksspiel. Und der Boden eine wichtige Größe. Das Grundprinzip hat sich in Jahrtausenden des Ackerbaus nicht geändert: Weil mit jeder Ernte Nährstoffe aus dem Boden entnommen werden, kommt es über kurz oder lang zu niedrigeren Erträgen. Es sei denn, der Landwirt kennt seinen Boden, weiß, was er ihm zumuten kann und wie er der Ermüdung des Ackers zuvorkommt.

Schon früh sind Menschen zu der Erkenntnis gekommen, dass Boden mehr bringt, wenn man ihm etwas zurückgibt. Hört sich banal an, leuchtete aber tatsächlich der Menschheit über den größten Teil ihrer Bauerntätigkeit nicht so recht ein. Die ersten Ackerbauern, die im heutigen Mesopotamien Getreide kultivierten, taten sich schwer im Umgang mit dem Boden. Zwar ritzten sie bereits den Untergrund und wässerten ihn, um die Bedingungen für die Saat zu verbessern. Aber die Bodenphysik wurde ihnen vielerorts zum Verhängnis. Das Wasser schwemmte Mineralien nach oben, eine Salzschicht legte sich auf die Oberfläche, die Felder wurden unbrauchbar (siehe Teil III).

Die ersten wirklichen landwirtschaftlichen Profis, die nicht allein auf einen freigebigen Fluss wie den Nil sowie göttlichen Beistand zählen konnten, waren die Römer. Das früheste Werk zum Thema stammt von Marcus Porcius Cato dem Älteren. In seinem Buch *De agri cultura*, *Über die Landwirtschaft*, 148 vor Christus erschienen, beschreibt der bekannte Staatsmann allerhand nützliches Wissen aus seinem Alltag als Gutsbesitzer. Landwirt aus Leidenschaft, feilte er zeit seines Lebens an besseren Anbaumethoden und Organisationsformen seines Hofes. Dazu gehört, dass er empfiehlt, die Feldfrucht nach dem anstehenden Boden auszusuchen; Getreide sollte auf fetten, fruchtbaren Böden angepflanzt werden, Rüben eher auf feuchten. Und auch für verschiedene Olivensorten gibt er individuelle Empfehlungen. Die Oliven zum Einmachen seien gut auf schweren, warmen Böden aufgehoben. Die Licinianische Olive hingegen passe eher zu kalten, mageren.

Cato ist nicht der einzige römische Landwirtschaftsautor. Auch Lucius Iunius Moderatus Columella, Marcus Terentius Varro oder Plinius haben sich mehr oder weniger ausführlich mit Landwirtschaft beschäftigt. Im Rom der Antike war der Zusammenhang bekannt, dass Pflügen, Düngen und regelmäßige Brache den Boden schonen und damit den Ertrag langfristig sichern.

Mit diesem Wissen konnten die Römer Ernten einfahren, die ihren Wohlstand und damit auch ein großes Heer sicherten. Die Mengen, die um die Zeitenwende von den Feldern Roms kamen, sollten fast 2000 Jahre lang unerreicht bleiben. Die nächsten 1000 Jahre passierte in Europa kaum etwas; die

Dreifelderwirtschaft war das übliche Prozedere der Bauern, um die Felder zu schonen. Dabei war ein Teil Brache, auf dem liegen gebliebenes Getreide und Wildkräuter wuchsen. Ein anderer Teil wurde mit Wintergetreide und ein weiterer mit Sommergetreide bestellt. Auf der allenfalls als Weide genutzten Brache konnte sich der Boden erholen, mit dem Kot der Tiere kamen frische Nährstoffe ins Spiel. Später wurde die Dreifelderwirtschaft durch neue und bessere Fruchtfolgen aufgewertet. Schließlich halfen ab dem 18. Jahrhundert stickstoffanreichernde Pflanzen dem Boden mehr abzuringen. Erst dann waren Bauern ähnlich erfolgreich wie in der Antike.

Anderswo in der Welt hatte man schon früher gelernt, die Böden besser zu nutzen. Zur Perfektion gelangte das System in Asien. Der Reis machte Karriere als Grundnahrungsmittel Nummer eins. Dabei kam das Gras erst 3000 Jahre nach dem Weizen in Mode. Aus einer Pflanze, die auf trockenen, gut durchlüfteten Böden gedieh, formten die Menschen eine, die zumindest zeitweise in schlammigem Boden stehen konnte. Dafür war ein ausgeklügeltes und arbeitsintensives System notwendig. Der Lohn waren bis zu drei Ernten im Jahr. Zum Vergleich: In Mitteleuropa erbrachten Weizenäcker im 18. Jahrhundert gerade einmal fünf Doppelzentner pro Hektar, Reisfelder dagegen 30! Alles geht auf maximalen Ertrag, dafür werden Felder maximal ausgenutzt. Und natürlich gedüngt. Es ergab sich vielerorts ein perfektes Tauschsystem; Bauern lieferten ihre Waren in die Stadt und bekamen dafür den Dreck zurück. Schlamm, Abfall und Fäkalien düngten die Felder. Gerade Japan optimierte die Reiswirtschaft und setzte als Nährstoffquelle für die Böden Sojakuchen und sogar getrockneten Fisch ein.

Neben den Getreidebauern in Ost und West versuchen Hackbauern seit jeher ihr Glück mit der Erde. Sie ackern von der Hand in den Mund, roden ein kleines Stück und hacken an der

Oberfläche, bringen Samen ein und... hoffen. Noch heute ist diese Art der Landwirtschaft weitverbreitet. Vor allem in den Tropen.

Ungleich schwieriger war und ist es nämlich, den typischen Böden der Tropen etwas abzutrotzen. Es scheint paradox, doch die scheinbar unendliche Fruchtbarkeit der tropischen Regenwälder ist in Wirklichkeit das glatte Gegenteil. Das System basiert auf schnellem und konsequentem Recycling aller Nährstoffe. Ein Bauer nun muss, damit ihm die Natur in Gestalt von Wind und Regen nicht gleich wieder alles wegnimmt, versuchen, sich diese Nährstoffe unverzüglich nutzbar zu machen. Die gängige Methode ist es immer noch, eine Parzelle Regenwald abzuholzen oder gar abzubrennen und dann schnell auf den allenfalls noch mit der Asche gedüngten Böden zu säen oder zu pflanzen. Nach kurzer Zeit sind die wenigen Nährstoffe verbraucht, und der Bauer muss ein neues Stück Wald roden.

Kein Wunder, dass diese Form der Landnutzung mühselig ist und extrem viel Platz braucht. Es dauert Jahre, bis sich auf den Freiflächen ein sogenannter sekundärer Regenwald angesiedelt und wieder eine dünne Humusschicht angesammelt hat. Man rechnet mit zehn, mitunter gar mit 25 Jahren Brache. Die Böden der Regenwälder sind also trotz des üppigen Pflanzenwachstums kaum in der Lage, einen Bauern zu ernähren. In diesem Konzept der sogenannten *shifting cultivation* braucht es keine Bodenbeurteilung. Man nimmt, was man kriegt.

Doch es gibt auch Bodennutzungskonzepte, die schon vor langer Zeit einen Garten aus dem Dschungel gemacht haben. *Terra preta*, »schwarze Erde«, heißt das Zauberwort. Dabei handelt es sich um einen menschengemachten Boden, der die Nachteile der ursprünglichen Krume abfedert. Offenbar gab es bereits vor 1500 Jahren Menschen, die die Schwäche der Tropenböden erkannt und Mittel gefunden haben, um diese auszugleichen.

1 Der Maulwurf *(Talpa europaea)* ist das Bodentier schlechthin. Er ist perfekt an seine unterirdische Lebensweise angepasst: ein kurzes Fell, kräftige Pfoten zum Graben und eine feine Sensorik in seinen Tasthaaren. Nur gucken kann er nicht so gut.

2 Boden ist Vielfalt: Ackergley aus Flugsand, podsolige Braunerde aus kiesführendem Lehm über Kreidekonglomerat, Ackerregosol aus Sandsteinschutt über Tonstein, pseudovergleyte Ackerpararendzina aus Löss, Ackerkolluvisol aus lehmigem, stark grusigem, carbonatfreiem Kippmaterial, entwässerter Auengley aus schluffig-tonigen Flussablagerungen, Podsol aus Flugsand (von links nach rechts)

3 Surtsey wurde 1963 aus dem Feuer geboren. Vor Island zeigt die junge Insel, wie Boden und mit ihm das Leben gedeiht.

4 Gletscher prägen das Angesicht der Erde. Sie verändern die Oberfläche zum einen, indem sie Material abtragen. Zum anderen lagern sich diese kleinen und größeren Partikel anderswo ab. Aus dem Gletscherstaub sind einige unserer fruchtbarsten Böden entstanden.

5 Der schottische Naturforscher James Hutton gilt als einer der Väter der Geologie; er ahnte, dass die Erde viel älter sein musste, als es die Bibel wahrhaben wollte.

6 Johann Wolfgang von Goethe war nicht nur Dichter. Als Bergrat sammelte er Steine und formulierte eigene Ansichten zu ihrer Entstehung.

7 Warum findet man Fossilien von Meerestieren im Gebirge? Der Däne Nicolaus Steno vermutete, dass es nicht der Sintflut geschuldet ist, sondern geologische Prozesse dahinterstehen mussten.

8 Für den russischen Geologen Wassili Wassiljewitsch Dokutschajew war Boden mehr als die Summe aus physikalischen und chemischen Prozessen; er verstand ihn als lebenden Organismus.

9 Die junge Erde lag Jahrmillionen unter Beschuss. Doch mit den Einschlägen von Meteoriten, Asteroiden und Kometen kam auch Wasser auf den Planeten. Und vielleicht sogar das Leben selbst.

10 Es ist ein Echo aus der Urzeit. Diese Stromatolithen in Westaustralien sind 3,5 Milliarden Jahre alt. Die Gebilde entstanden aus Mikroben und Kalk. Solche Strukturen können Platten sein, aber auch Knollen oder »Blumenkohl«-Figuren.

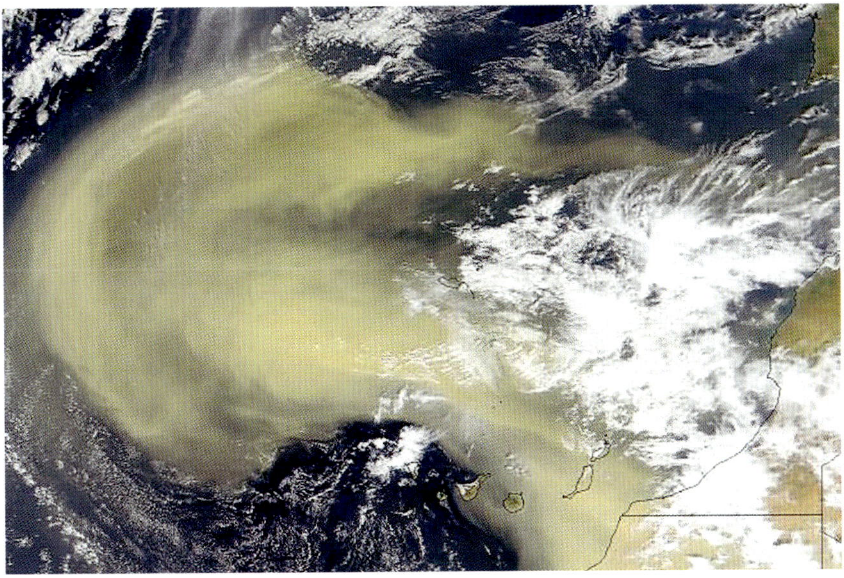

11 Der Sand aus der Sahara weht über den Atlantik. 500 Millionen Tonnen sind das jedes Jahr. In Südamerika düngt er den Regenwald, während er in der Karibik idyllische Strände formt.

12 Tonminerale haben mit ihrer Schichtstruktur eine wichtige Rolle im Boden. Sie sind dafür entscheidend, wie gut Nährstoffe und Wasser gespeichert werden können.

Bodenübersichtskarte von Deutschland 1 : 5 000 000

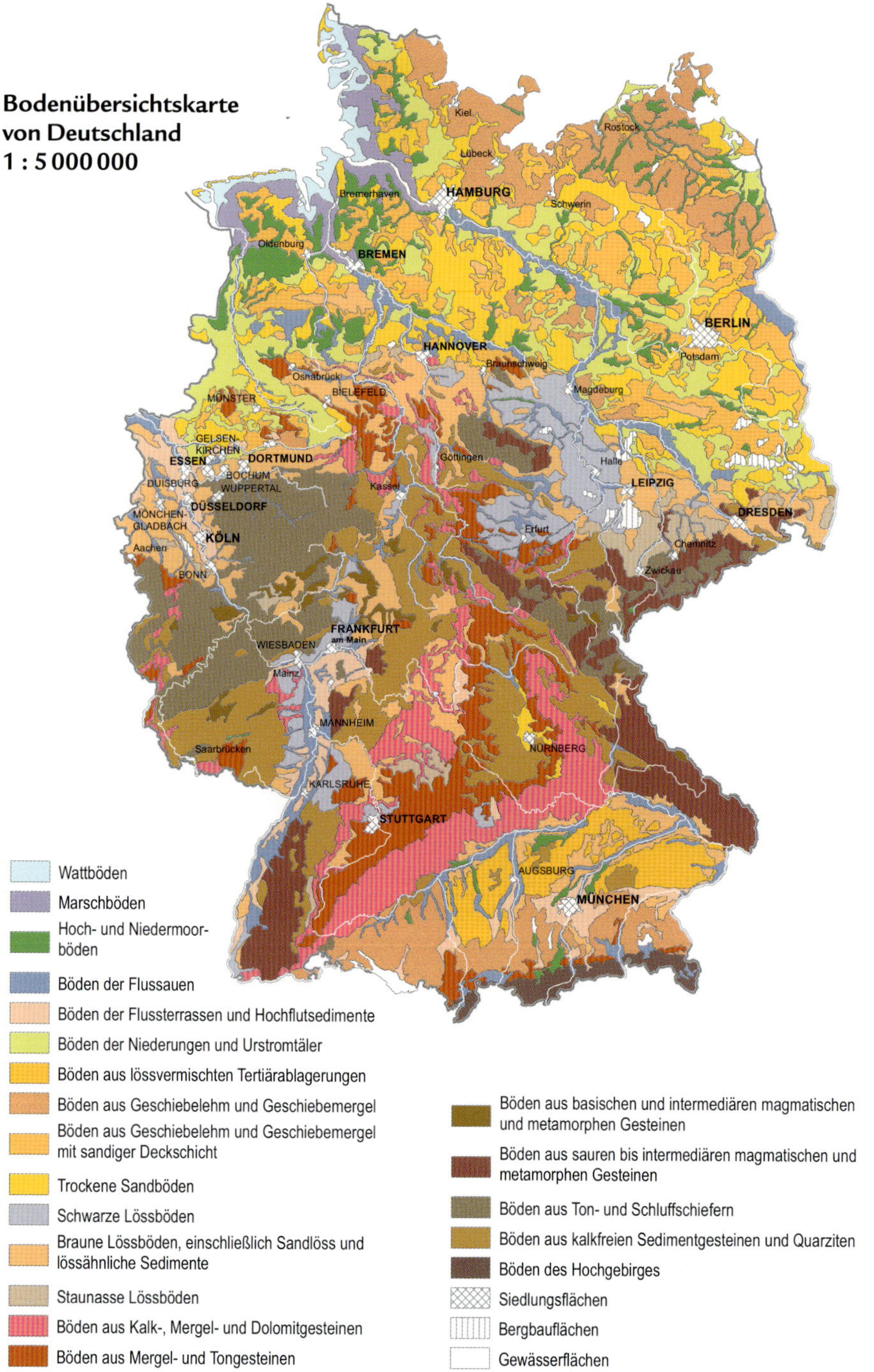

13 Boden ist nicht gleich Boden. Die verwirrende Vielfalt mit zahlreichen Übergängen lässt sich aber entwirren. So eine Karte der Bodentypen zeigt auch, wo in Deutschland die fruchtbarsten Äcker liegen.

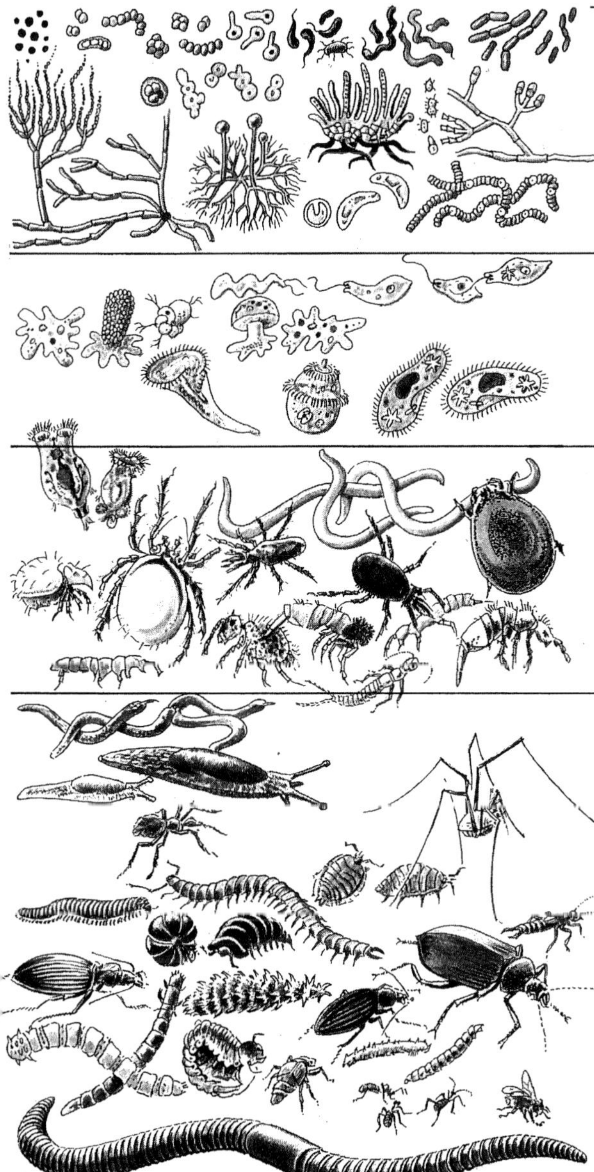

Organismen	Gewicht	Anzahl
Pflanzliche Mikroorganismen		
Bakterien	50 g	1 000 000 000 000
Strahlenpilze	50 g	10 000 000 000
Pilze	100 g	1 000 000 000
Algen	1 g	1 000 000
Tierische Mikroorganismen		
Geißeltierchen		500 000 000 000
Wurzelfüßer	10 g	100 000 000 000
Wimpertierchen		1 000 000
Kleintiere		
Rädertiere	0,01 g	25 000
Fadenwürmer	1 g	1 000 000
Milben	1 g	100 000
Springschwänze	0,6 g	50 000
Größere Kleintiere		
Borstenwürmer	2 g	10 000
Schnecken	1 g	50
Spinnen	0,2 g	50
Asseln	0,5 g	50
Vielfüßler	4,5 g	300
Käfer und Larven	1,5 g	100
Zweiflüglerlarven	1 g	100
übrige Kerbtiere	1 g	150
Regenwürmer	40 g	80

14 Nur den kleinsten Teil des Lebens im Boden nehmen wir überhaupt wahr. Doch die Mikroben sind ebenso wichtig wie Springschwänze und Regenwürmer. Verliert man einen Mitspieler, ist das ganze Gefüge in Gefahr.

15 Knochen oder Kot sind in manchen Weltgegenden der einzige Dünger für den Boden.

16 Taubenhäuser lieferten im alten Persien mit dem Kot der Vögel wichtige Nährstoffe für Land- und Gartenbau.

17 In Filmen mutieren immer wieder harmlose Zeitgenossen zu Monstern; hier hat es den Regenwurm erwischt. In *Squirm* meuchelt er Menschen.

18 Charles Darwin hatte ein Faible für Regenwürmer. Er war so sehr ihr Fan, dass sich Zeitgenossen sogar darüber lustig machten.

19 Regenwälder stehen mitnichten auf fruchtbarem Boden. In einem engen Kreislauf bleiben die Nährstoffe an der Oberfläche. Verschwindet der Wald, lassen sich auch keine großen Mengen Biomasse mehr produzieren.

20 Im Krieg ist immer auch die Natur Opfer. Gerade im Ersten Weltkrieg spielte Boden eine wichtige Rolle. Er war Deckung und Friedhof zugleich. Die Kämpfe drehten das Untere nach oben und wieder zurück.

21 Um eine gute Ernte zu bekommen, setzten Menschen zuerst auf göttlichen Beistand. Heute weiß man es besser, aber es kann nicht schaden, Felder zu segnen und auf himmlischen Dünger zu hoffen.

22 Sehen, riechen, fühlen, schmecken – mit seinen Sinnen kann ein Kundiger dem Boden viel entlocken. Wenn er ihn prüft, weiß er, welchen Charakter der Untergrund hat und ob er etwas tun kann, um die Eigenschaften des Bodens zu verändern.

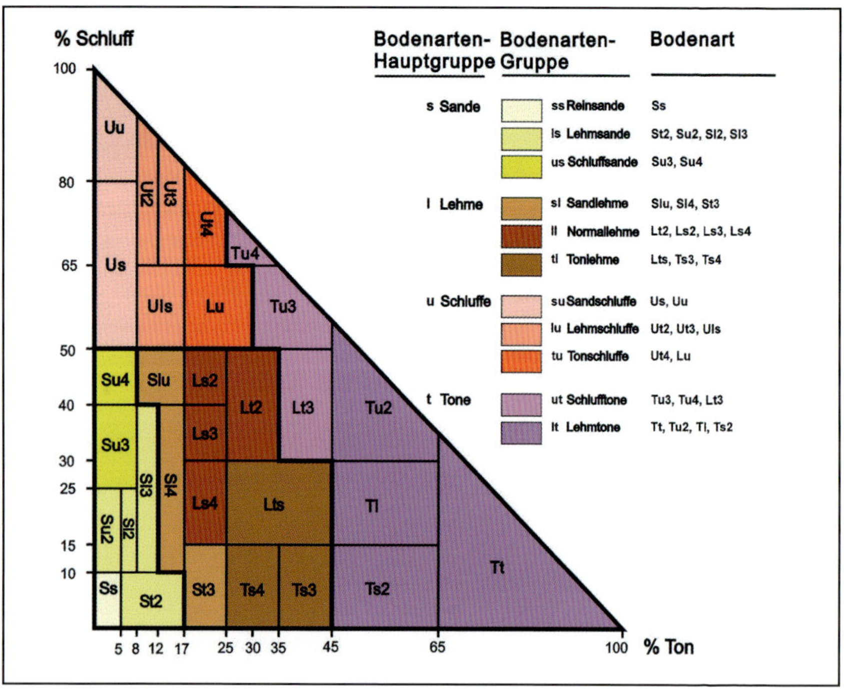

23 Eine Bodenprobe ist aus verschieden großen Körnern aufgebaut. Ton ist sehr fein, Sand eher grob. Das Mischungsverhältnis dieser Korngrößen verrät zum Beispiel, ob ein Boden gut Wasser speichern kann.

24–26 Den Geheimnissen des Bodens sind viele auf der Spur. Justus von Liebig (oben links) fahndete nach dem Geheimnis, wie ein Boden seine Fruchtbarkeit behalten oder sogar steigern konnte. Sherlock Holmes (links) verriet schon ein Krümel Erde, ob der Mörder hinkte und welchen Tee er morgens getrunken hatte. Mindestens. Ein realer Kriminaler hingegen war Edmond Locard (oben rechts). Auch für ihn war Boden ein wichtiger Zeuge bei einem Verbrechen. Ihm mussten nur die richtigen Fragen gestellt werden.

27 Der Mann aus Lehm, die Frau aus seiner Rippe. Schon in »Adam« steckt hebräisch *adamah*, und das bedeutet »roter Erdboden«.

28 Griechische Göttinnen des Untergrunds und der Fruchtbarkeit: Demeter, Kore und Hekate. Frauen als Varianten der Muttergöttin sind eng mit dem Boden verbunden. Die Namen wechselten, das Symbol blieb.

29 Tiere wie diese Grünflügelaras an einer Lehmklippe im peruanischen Regenwald fressen offenbar Erde, um schwer Verdauliches zu neutralisieren. Erde räumt quasi den Magen auf.

30 Kinder haben ein entspanntes Verhältnis zu Schlamm und Dreck; Erde zu probieren gehört zum Großwerden.

31 Springschwänze leben von verrottendem Pflanzenmaterial. Diverse Arten dieser Tierchen besiedeln die unterschiedlichsten Lebensräume von der Arktis bis in den Regenwald.

32 Regenwürmer sind Schlüsseltiere für das Bodenleben. Sie durchmischen die Erde, belüften und düngen sie. Weltweit kennt man rund 670 Arten.

33 Gülle soll längst nicht mehr in hohem Bogen übers Feld spritzen. Mit Hilfe der Schleppschuhtechnik kommt der Dünger besser in den Boden.

34 Gewaltige Staubstürme sind das sichtbare Zeichen einer Landwirtschaft, die versagt hat. Ohne die schützende Grasnarbe waren die Böden des Mittleren Westens in Amerika Trockenheit und Wind komplett ausgeliefert.

35 Die Tragödie im *Dust Bowl* fand ins kollektive Gedächtnis Amerikas. Sänger, Schriftsteller und Filmemacher verarbeiteten den Stoff, etwa in *Früchte des Zorns*.

36 Wasser braucht ein Boden. Aber wenn zu viel davon da ist, schadet es. Unwetter wie die Magdalenenflut von 1342 vernichten Unmengen fruchtbaren Bodens.

37 Genauso wie eine falsche Bewässerung: Aufsteigende Salzlösung lässt keine Landwirtschaft mehr zu.

38 Als *Der Marsianer* hatte Matt Damon allerhand zu tun, um fruchtbaren Boden zu erzeugen. Aus Marserde und menschlichem Kot zaubert er einen Kartoffelacker.

39 Drohnen können in einer modernen Landwirtschaft helfen, den Boden pfleglicher zu behandeln. Sie sammeln Daten zum Pflanzenwuchs oder identifizieren Schädlinge.

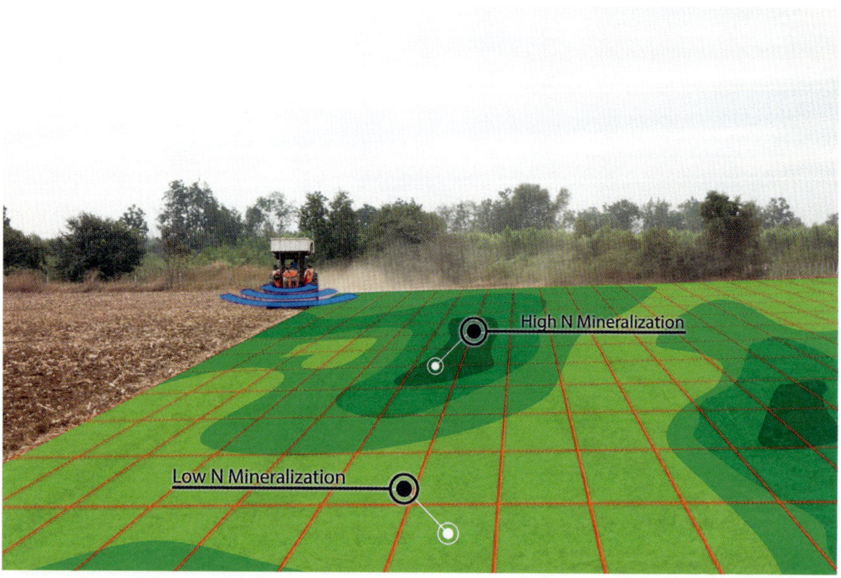

40 Mit Hilfe moderner Sensorik weiß die Maschine genau, wo ein bestimmter Boden mehr oder weniger Dünger braucht. Das spart dem Landwirt Geld und dem Boden die Überdüngung. *Smart farming* ist längst eine Verheißung für die Landwirtschaft.

Immer wieder stößt man zwischen den nahezu unfruchtbaren roten Böden auf Flecken, die pechschwarz sind. Bis zu 20 Prozent der Erde besteht aus Humus. Das ist selbst im Vergleich zu unseren Gartenböden Rekord. Die bringen es auf fünf Prozent. Die Menge an Phosphor und Stickstoff ist fünfmal höher. Kein Zweifel, aus dieser Erde sind Bauernträume gemacht.

Das Geheimnis der *Terra preta* ist Kohle. Und Zeit. Und Knochen, Fleisch- und Fischreste, Fäkalien, Dung, Kompost, Scherben. Und Zeit. Noch mehr Zeit. Es dauerte wohl Jahre bis Jahrzehnte, bis so ein Boden fertig war. Hinzu kommt, dass die organischen Komponenten offenbar in Tonkrügen vergoren wurden.

Die Kohle, aus Holz und abgestorbenen Pflanzen, ist dabei das stützende Element. Durch ihre offene Struktur kann sie Wasser und Nährstoffe gut speichern und dennoch an die Pflanzen abgeben. Zudem verrottet sie extrem langsam, 2000 Jahre braucht es wohl. Der ganze Mix aus Nährstoffen bietet Mikroorganismen beste Bedingungen. Ein Teil von ihnen gelangt in tiefere Bodenschichten und bildet ein bis zu zwei Meter mächtiges Reservoir. Bodenkundler bezeichnen solch einen Bodentypus als Hortisol (aus lateinisch *hortus*, »Garten«, und *solum*, »Boden«), also einen menschgemachten Boden, ein seit Jahrhunderten unter Kultur stehendes Substrat.

Die Entdeckung dieser Wundererde im Amazonas-Becken wirft ein ganz anderes Licht auf die Region; früher nahm man an, dass sich dort Hochkulturen kaum entwickeln konnten. Zu unwirtlich schien die Gegend. Allenfalls Jäger- und Sammlervölker fänden dort ihr Auskommen. So wie sie es vereinzelt auch heute noch tun. Mit der *Terra preta* ändern sich aber die Voraussetzungen. Jetzt scheint es möglich, dass dort fünf bis 25 Millionen Menschen gelebt haben könnten.[17]

Terra preta ist das Vermächtnis dieser verschwundenen Zivilisation. Im Grunde ist sie die Antwort auf die Frage, wie dauerhaft etwas auf den armen Böden wachsen könnte. Es ist eine Form der konsequenten und beispielhaften Kreislaufwirtschaft. Forscher adaptieren das Grundkonzept und übersetzen es für die Bedürfnisse von heute. Die Arbeitsgruppe Geoökologie an der Freien Universität Berlin arbeitet beispielsweise an einer praxisnahen Umsetzung; das reicht von einer Pyrolyseanlage, in der Holzabfälle verkohlt werden, bis hin zur Verwendung aller organischen Abfälle. Das Projekt startete 2010, und schon bald zeigte sich, dass durch die Mischung von Kohle und Kompost Nährstoffe nicht mehr so leicht ausgewaschen werden, dass die Erde besser riecht und weniger Treibhausgase in die Atmosphäre gelangen. Obendrein spart man sich Torf zur Bodenauflockerung und sogar Heizkosten, denn die Wärme der Pyrolyse kann natürlich genutzt werden. Gerade das sogenannte *urban farming* könnte von den Ergebnissen des Projekts profitieren, also der Anbau von Obst, Gemüse und sogar Getreide direkt in unseren Städten. Das System erscheint so simpel, dass man sich fragt, warum man nicht schon früher darauf gekommen ist.

Lange Zeit hat man die Zusammenhänge nicht wirklich verstanden. Punktuell stellte man einzelne Stoffe heraus, die Pflanzen wachsen ließen. Der Durchbruch kam, als Wissenschaftler Anfang des 19. Jahrhunderts die Pflanze in ihre chemischen Bestandteile zerlegten. Phosphor, Kalium, Magnesium – alles Elemente, die sich auch im Boden fanden. Justus von Liebig formulierte eine ganze Reihe von bahnbrechenden Thesen, so einfach wie einleuchtend: »Wenn ein Boden seine Fruchtbarkeit dauernd bewahren soll, so müssen ihm nach kürzerer oder längerer Zeit die entzogenen Bodenbestandteile wieder ersetzt werden, d. h., die Zusammensetzung des Bodens muss wiederhergestellt werden«, heißt es bei ihm.

Von Liebig stammt auch das Minimumgesetz, welches üblicherweise als Fass dargestellt wird, in dem einzelne Dauben kürzer sind als andere: »Das Wachstum und der Ertrag einer Pflanze wird von dem Nährelement oder Wachstumsfaktor bestimmt, der ihr in geringster Menge (Minimum) zur Verfügung steht.« Ihm war klar, dass Böden ganz unterschiedlich Nährstoffe liefern und demnach unterschiedlich fruchtbar sind. Will man das ändern, muss man Nährstoffe zuschießen.

Trotz ausgeklügelter Methoden und perfektionierter Düngemittel bleiben Böden unterschiedlich gut für Landwirtschaft geeignet. Das heißt, dass es ein Bauern mitunter schwerer hat als sein Kollege ein paar Kilometer weiter. Um eine einheitliche Bewertung eines Ackers zu finden und damit einen vergleichbaren Verkaufswert und eine Besteuerungsgrundlage, werden seit den 1930er Jahren Bodenpunkte vergeben. Vor dieser Zeit begutachtete und schätzte man jede Parzelle einzeln. Das war mühsam und kostete viel Zeit. Und Steuern konnten so auch nur bedingt gerecht erhoben werden.

Nach Jahren der Planung erließ die Reichsregierung 1934 das Gesetz über die Schätzung des Kulturbodens in Deutschland. Fortan wurde über Besitzgrenzen hinweg begutachtet, wie es um den Boden beschaffen war. Eine Mammutaufgabe, denn das Raster maß nur 50 mal 50 Meter. Damit wurde aber eine Genauigkeit erreicht, die einzigartig in der Welt ist. Jedes Raster steht für eine Fläche, in der die Erde mit vergleichsweise einfachen Mitteln getestet wird. Wichtig ist die Fingerprobe, das heißt, es wird die Bodenart im Grunde genau so ermittelt, wie weiter oben erklärt. Daneben fließen noch die Herkunft des Bodens und sein Zustand mit ein. Und diese Werte stehen dann im Vergleich zu einem idealen Boden, der den absoluten Wert 100 hat.

Damit das funktioniert, brauchte man zunächst den Bezugspunkt, den 100er-Boden. Einen idealen Boden im Sinne der Landwirtschaft. Den Goldstandard sozusagen. Man fand ihn in der Magdeburger Börde, in der Nähe des Dörfchens Eickendorf. Die Erde dort lässt jedes Bauernherz höherschlagen; es gibt mächtige, bis zu 60 Zentimeter dicke Lössauflagen und, im Regenschatten des Harzes, ein moderates, eher trockenes Klima. Über die Jahrtausende bildeten sich Schwarzerden heraus, die überaus fruchtbar sind. Getreide und Zuckerrüben gedeihen hier prächtig. Und so ist der Boden beziehungsweise die sogenannte Bodenwertzahl 100 die Referenz für alle anderen Böden Deutschlands geworden. Zumindest bis zur deutschen Teilung. In Westdeutschland wurde nach dem Krieg ein vergleichbar guter Referenzboden ausgewählt: bei Machtsum in der Hildesheimer Börde.[18]

Landwirtschaftliche Böden sind jetzt miteinander vergleichbar; hat ein Sandboden in Mecklenburg-Vorpommern nur einen Wert von 30, bedeutet das, er bringt im Verhältnis zum besten Boden nur knapp ein Drittel des Ertrags.

Überhaupt ist Deutschland ein prinzipiell fruchtbares Land: Die Bundesanstalt für Geowissenschaften und Rohstoffe fasste die verfügbaren Daten im Jahr 2013 zusammen. Demnach liegt der auf die Fläche bezogene bundesweite Mittelwert beim sogenannten Soil Quality Rating (SQR) bei 64 Punkten. Das SQR ist vergleichsweise neu; dabei gehen nicht nur Daten zum Boden in die Berechnung ein, sondern auch solche zum Klima.

Immer vorne dran in der Qualität: die Böden der Magdeburger Börde, des Thüringer Beckens und der Kölner Bucht. Über alles gesehen, bieten fast 60 Prozent aller von Bauern genutzten Böden ideale Bedingungen für Landwirtschaft. Auf rund 20 Prozent kann es zu trocken sein, und auf weiteren 20 Prozent gibt es andere Gefahren für eine gute Ernte. Das kann zum Beispiel ein sehr saurer Boden ehemaliger Moore sein. Im Prinzip sind Deutschlands Bauern aber auf der Sonnenseite.

Der kleine Bruder des Bauern ist der Gartenfreund. Wobei »klein« relativ ist, denn immerhin gibt jeder Deutsche fast

200 Euro pro Jahr für seine grünen Träume aus. Mehr als elf Milliarden Euro gehen dabei in Pflanzen und Dünger.

Der Hobbygärtner erlebt und durchlebt die gleichen Ängste und Sorgen wie der Großbauer. Nur eben nicht auf 50, 100 oder 1000 Hektar, sondern konzentriert auf 50, 100 oder 1000 Quadratmetern. Wasserversorgung, Nährstoffe und Bodenart sind für ihn genauso wichtig. Dabei kann er nicht nur an einem Mangel an Nährstoffen scheitern; oft ist sein Fleckchen Erde hoffnungslos überdüngt. Der Garten reagiert auf das Überangebot wie unser Körper auf zu viel Chips und Cola. Viel hilft eben nicht immer viel.

Für den privaten Nutzer gibt es die praktische Bodenanalyse aus Baumarkt oder Internet. Per Schnelltest weiß er dann allerdings nur, wie es um den pH-Wert seines Bodens bestellt ist. Aber immerhin. Genau genommen, braucht man für die Bestimmung des pH-Werts nicht einmal ein Testkit zu kaufen; Essig und Backpulver reichen. Oder noch besser: Rotkohl.

Zunächst aber zum Essig und Backpulver: Essig ist eine Säure und reagiert mit einer alkalischen, also basischen Bodenprobe (pH-Wert >7). Es schäumt, wenn man ihn auf solch einen Boden träufelt. Bei Backpulver handelt es sich um Natriumhydrogenkarbonat. Es reagiert bei einem pH, der ebenfalls größer ist als 7. Die Bodenprobe sollte man dafür mit etwas destilliertem Wasser anfeuchten und dann das Backpulver darüberstreuen. Fertig.

Für den Rotkohltest braucht es etwas mehr Aufwand. Rotkohl ist auch eine Zeigerpflanze, seine Farbstoffe, die Anthocyane, reagieren auf basischen oder sauren Boden. Deswegen ist er mal mehr blau und mal mehr rot. Nicht von ungefähr heißt er manchmal Blaukraut und anderswo Rotkraut oder -kohl. Der Saft aus dem Kohl lässt sich auch im Garten einsetzen. Dazu schneidet man zunächst Rotkohl klein und weicht ihn in destilliertem Wasser ein. Die Farbstoffe gehen ins Wasser, und das sollte jetzt violett gefärbt sein und damit einen pH von 7 haben. Würde man dort Essig hineingeben, wäre das Ergebnis Pink. Bei Backpulver Dunkelblau oder gar Grün. Genauso kann man einen Löffel Erde in den Saft geben, rühren und ein wenig warten - schon weiß man ungefähr, welchen pH-Wert der Boden hat.

Etwas aufwendiger ist eine professionelle Bodenanalyse. Dabei mixt man ein paar Erdproben aus seinem Garten und schickt sie per Post an den Dienstleister. Manchmal übernimmt das auch der freundliche Baumarkt von nebenan. Je nach Umfang der bestellten Analyse bekommt man das Ergebnis nach wenigen Tagen. Dabei kann man einfach auf die wichtigsten Nährstoffe testen lassen. Oder auf Öl- und Benzinrückstände. Oder auf Schwermetalle und andere Schadstoffe. Mitunter ist das gut angelegtes Geld.

Es gibt aber noch eine andere Methode, dem Boden zu Leibe zu rücken. Eine indirekte, die etwas Kombinationsgabe verlangt.

So ist auch ein Wald von seinem Boden abhängig. Kalk oder Sandstein im Untergrund bestimmen die Baumformation. Wer unter den Kronen von Fichten, Buchen oder Pappeln spazieren geht, bekommt schon einen guten Eindruck vom Boden, der darunter liegt. Denn zum einen beeinflussen die Pflanzen den Boden, was besonders dort relevant ist, wo der Mensch künstlich andere Bäume hin verfrachtet, als es die Natur vorgesehen hat. Zum anderen schaffen die Bodeneigenschaften Milieus, die bestimmte Arten zusammenschweißen. Ein Förster kann und sollte den Boden nicht ignorieren. Eine bittere Lektion der Forstwirtschaft war, dass nicht jeder Wald auf jeden Standort beziehungsweise Boden passt.

Das funktioniert auch in die andere Richtung. Ebenso wie Hülsenfrüchte in der Lage sind, Luftstickstoff zu binden, sind auch manche Bäume dazu fähig. Die Robinie ist so ein Stickstoffsammler. Zusammen mit ihren Bakteriensymbionten reichert sie den Boden mit diesem wichtigen Element an. Sie düngt ihn auf natürlichem Weg. In ihrem Schlepptau finden sich anschließend andere Pflanzenarten ein, die solche Böden sehr attraktiv finden, zum Beispiel der Schwarze Holunder oder der Giersch.

Das geht sogar so weit, dass manche Arten den Boden unter sich regelrecht unbrauchbar machen. Sie halten sich auf diese Weise ihre Konkurrenten vom Leibe. Allelopathie nennt man dieses nicht ganz nette Verhalten. Bekanntestes Beispiel sind die Eukalypten Australiens. Die Blätter sind voller ätherischer Öle, geradezu Gift für andere Pflanzen. Das schwer verdaubare Laub kriegen nur Koalabären hinunter.

Die Chemie aus einer Pflanze muss einer anderen Pflanze nicht einmal direkt schaden; Rentierflechten sondern Stoffe ab, die verhindern, dass sich eine Mykorrhiza an Kiefern- oder Tannenkeimlingen bildet. Doch ohne Pilz haben die kleinen Bäumchen Schwierigkeiten, an Nährstoffe zu kommen, und kümmern vor sich hin.

Egoistische Pflanzen gibt es eben auch bei uns. Unter Walnussbäumen wächst kaum etwas. Das liegt daran, dass der Baum in seinen Blättern ein bestimmtes Glucosid bildet. Sobald die im Herbst zu Boden gefallen sind, bildet sich Juglon – ein Stoff, der andere Pflanzen am Keimen und Wachsen hindert.

Pflanzen markieren nicht nur auf diese Weise ihr Territorium. Die meisten sind dabei allerdings wesentlich unauffälliger. Sogenannte Zeigerpflanzen sagen sehr viel über den Boden aus, in dem sie wachsen. Sie haben besondere Anforderungen an die Nährstoffe im Untergrund, und wer sie kennt, kann auf den Cocktail im Untergrund schließen. Das Wissen darum ist alt, auch wenn es zunächst wenig systematisch war und Bauchgefühl sicher auch wesentlich beteiligt war.

Wolf Helmhardt von Hohberg war ein Ratgeberautor aus dem Barock. Der Landadlige hat Ende des 17. Jahrhunderts in seinem Buch *Georgica curiosa* allerhand Tipps und Weisheiten rund um Garten- und Landwirtschaft versammelt. Unter anderem vermerkte er, dass ein Boden fruchtbar sei, wenn Obstbäume gut auf ihm wachsen …

Etwas ausführlicher verwies Georg Ernst Wilhelm Crome 1812 darauf, was einem die Pflanzen über die Erde unter ihnen sagen könnten. Sein Buch *Der Boden und sein Verhältniß zu den Gewächsen* gilt als Initialzündung für die Standortbeurteilung mit Hilfe von Pflanzen.

Richtig in Schwung gekommen ist sie allerdings erst fast 150 Jahre später. Der deutsche Botaniker Heinz Ellenberg hat in den 1950er Jahren Pflanzen als Bioindikatoren ausgemacht. Ellenberg perfektionierte seine Methode und sammelte immer mehr Details; bis Mitte der 1970er Jahre hatte er so ein ausgeklügeltes Instrumentarium geschaffen, um den Standort möglichst genau zu beurteilen. Seine Klassifikation ist heute ein wichtiges Werkzeug.

Ellenberg hat dazu den Pflanzen bestimmte Zeigerwerte zugeordnet. Die wichtigsten sind Licht, Temperatur, Bodenfeuchtigkeit, Bodenreaktion und Stickstoffgehalt des Bodens. Erfasst wird auch, ob eine Pflanze Schwermetalle erträgt oder nicht. Ein Edelweiß wird demnach beispielsweise durch folgende Zahlen charakterisiert: L8, T2, F4, R8, N2. Übersetzt bedeutet das: Ein Edelweiß ist eine Halb- bis Volllichtpflanze, die Kühle bis Kälte, trockene bis frische, basische bis schwach saure Böden und Stickstoffarmut anzeigt. Die Gemeine Kratzdistel hingegen hat folgendes Profil: L8, T5, F5, R7, N8. Auffallend ist, dass sie mäßige Wärme und Stickstoff im Boden anzeigt.

Dabei sind es nicht nur einzelne Arten, sondern ganze Artenspektren, die einen Lebensraum und damit auch den Boden charakterisieren. Denn es hat sich gezeigt, dass Pflanzen anders wachsen, wenn sie in Konkurrenz mit anderen Arten stehen. Das große Bild entscheidet. Und wenn an einem Wegrain Kratzdistel, Brennnessel und Ackersenf wachsen, ist die Erde wohl gut mit Stickstoff versorgt.

Vor allem die Förster bedienen sich der Pflanzen. Und zwar nicht nur einzelner Arten, sondern sie ziehen ganze Gruppen heran, um den Standort, den Wald und damit auch seinen Boden zu beschreiben. Deutschlands Wälder lassen sich in sechs Vegetationsklassen einteilen. Die »sommergrünen Laubwälder Europas« sind eine davon. Querco-Fagetea nennt sie der Experte, darin steckt lateinisch *quercus*, »Eiche«, und *fagus*, »Buche«. Die Begriffe muten sperrig an, erlauben jedoch eine recht genaue Beschreibung, und man verwechselt die Waldtypen nicht so schnell. Eine Klasse lässt sich in Ordnungen, Verbände und Assoziationen weiter untergliedern. Eine solche Assoziation ist das Hordelymo-Fagetum, der Waldgersten-Buchenwald. Dort tauchen Seidelbast, Waldbingelkraut und Haselwurz neben der Buche auf. Wer diese Kombination findet, kann ziemlich sicher schließen, dass der Untergrund nährstoffreich und kalkhaltig ist. Im Luzulo-Fagetum hingegen findet sich neben der Buche die Weißliche Hainsimse. Der Boden unter solch einem Wald ist sauer und stammt aus Sandstein oder Schiefer. Man kann in so einem bodensauren Buchenwald sagen, dass es um den Humus nicht zum Besten bestellt ist. Blätter verrotten in dem Milieu nur sehr zäh. Pilze übernehmen einen Großteil der Zersetzungsarbeit. Ohne einen Spaten in die Hand zu nehmen!

Das Beschreiben und Erfassen von Böden bringt mitunter auch Sünden der Vergangenheit ans Licht. Frevel, Schlamperei, Tod oder Katastrophen – alles bleibt abgebildet. Der Boden ist nicht nur ein Quell des Lebens.

Kapitel 6

Stummer Zeuge

»Die Gold suchen, graben viel Erde und finden wenig.«

Heraklit von Ephesus

April 1856. Ein Zug der preußischen Eisenbahn soll ein Fass mit Silbermünzen nach Berlin bringen. Doch als es bei seiner Ankunft geöffnet wird, ist statt des Silbers nur Sand im Fass. Irgendwer hatte sich an der kostbaren Fracht zu schaffen gemacht. Nur wo? Die Polizei in ihrer Not wendet sich an den Berliner Professor Christian Gottfried Ehrenberg. Ehrenberg ist Zoologe und Geologe, hat Alexander von Humboldt auf dessen Reise nach Asien begleitet. Er zählt zu den naturkundlichen Universalgelehrten seiner Zeit. Und er hat sich einen Namen gemacht, weil er besonders auf Kleinstorganismen wie die Pantoffeltierchen ein Auge geworfen hatte. Nebenbei ist er damit als Begründer der Mikropaläontologie bekannt geworden, also der Wissenschaft von den fossilen Überresten winziger Lebewesen.

Ehrenberg lässt sich nicht lange bitten. Er vergleicht Sandproben von den Stationen, an denen der Zug gehalten hatte, mit derjenigen aus dem Fass. Schnell findet er die Übereinstimmung, sodass die Polizei an der entsprechenden Station den schuldigen Mitarbeiter der Bahn dingfest machen kann. Damit gilt Ehrenberg als Begründer der forensischen Bodenkunde. Seit damals helfen Geologen immer wieder, Verbrechen aufzuklären. Nicht nur in den Tiefen des menschlichen Untergrunds wurde fortan gewühlt; das Erdreich selbst kam in den Zeugenstand. Unparteiisch ist es, präzise und unbestechlich – die Freude eines jeden Richters. Wenn man die richtigen Fragen stellt.

Wie im folgenden Fall: Im Herbst 1904 fand man Eva Disch in einem Bohnenfeld im badischen Wildtal, heute ein Ortsteil von Gundelfingen. Mausetot. Die Frau war mit ihrem eigenen Schal erdrosselt worden. Der zuständige Bezirksstaatsanwalt in Freiburg stand vor einem Rätsel. Er folgte einer Eingebung und zog den Gelehrten Georg Popp zu Rate. Der Chemiker hatte sich in Frankfurt bei der Analyse von Asche einen Namen gemacht. Popp nahm sich der Sache an. An einem in der Nähe des Tatorts gefundenen Taschentuch entdeckte er nicht nur Fasern des Schals, sondern ebenso Kohle, Sand, Schnupftabak und Hornblende. Hornblende ist ein Mineral, welches häufig Teil magmatischer Gesteine ist. In diesem Fall deutete es auf eine Kiesgrube hin. Die Mischung der Substanzen brachte die Polizei zu Karl Laubach, der sie unter den Fingernägeln hatte. Der Verdächtige arbeitete in einem Gaswerk, wo er mit Kohle Kontakt hatte, und in einer Kiesgrube. Endgültig überführt wurde er, da seine Hosen ein Potpourri des Tatorts in sich trugen: Lehm und Pflanzenreste, wie man sie in dem Bohnenfeld fand. Alles Leugnen nutzte nichts, die Wissenschaft hatte ihn beim Wickel.

Von den ersten Erfolgen der Detektive des Untergrundes hat möglicherweise auch Arthur Conan Doyle Wind bekommen. Doyle war ursprünglich Mediziner und am Puls seiner Zeit. Seine Interessen reichten in alle Bereiche der Naturwissenschaft hinein. Als er Sherlock Holmes, seinen berühmten Spurensucher, erschuf, war es nicht allzu fern, Erde als Zeugen ins Portfolio zu nehmen. In seinem Roman *Eine Studie in Scharlachrot* lässt er den getreuen Dr. Watson eine Liste der Kenntnisse von Holmes aufsetzen. Neben Chemie, Kriminalstatistik oder der Fechtkunst erwähnt er die Geologie als eins der herausragenden Talente des Meisterdetektivs. Doyle lässt Watson schreiben: »Verwendbar, aber begrenzt. Unterscheidet verschiedene Erdarten auf den ersten Blick. Nach Spaziergängen hat er mir Spritzer auf seinen Beinkleidern gezeigt und mir anhand ihrer Farbe und Zusammensetzung gesagt, in welcher Gegend von London sie ihm zuteilwurden.«

Wahrscheinlich wäre Holmes begeistert, was inzwischen alles möglich ist. Krimifreunde sind es jedenfalls, denn nicht nur seine Geschichten werden immer noch gelesen. Auch seine Erben, die Detektive der Crime Scene Investigation oder kurz CSI, gehören zum festen Inventar im abendlichen Fernsehprogramm. Die Zukunft liegt in der immer feineren Profilierung des Bodens und damit möglicher Tatorte. Dazu gehören pH-Wert genauso wie Erdmagnetismus.

Heute zählt die umfassende Analyse des Tatorts selbstverständlich zur Polizeiarbeit. Bis in die 1990er Jahre war sie jedoch in der Regel noch zu komplex, zu teuer und damit kaum für den Alltag geeignet. Mittlerweile sind Datenbanken und die Vernetzung von Informationen so weit vorangeschritten, dass das Profil eines Tatorts ein alltägliches Hilfsmittel wie das Vergleichen von Fingerabdrücken ist.

Auch wenn man heute DNA-Analysen und Massenspektrometer als Hilfsmittel hat, ist die Methode hinter den Ermittlungen identisch geblieben: Der Täter nimmt ein Stück des Tatorts mit sich und bekommt somit eine Markierung, dass er dort gewesen ist. Diese Markierung muss quasi nur noch entdeckt und richtig gelesen werden. Das Profil eines Bodens ist genauso unverwechselbar wie ein Fingerabdruck. Da gibt es die Mischung der verschiedenen Korngrößen in der Probe, die enthaltenen Minerale und Elemente. Hinzu kommen organische Komponenten wie Humus und die Lebensgemeinschaft, die in einem bestimmten Boden lebt. Manche Arten gibt es nur an einem Ort und nirgendwo anders. Und schließlich finden sich im Boden in den allermeisten Fällen menschengemachte Spuren. Vielleicht eine Spur Holzkohle? Etwas Rost? Farbe? Selbst winzigste Fragmente von Fasern oder kleinste Mengen künstlicher chemischer Verbindungen geben Aufschluss über das Wo.

Und damit nicht genug. Die winzigen Veränderungen, die ein Körper selbst im Boden hinterlässt, können den Kriminologen Hinweise geben.[19] Denn eine Leiche zerfällt in typische Bestandteile, die noch nach Jahren gefunden werden können. Die Art, wie sie sich verändern, hängt wiederum mit dem Boden, in dem sie liegen, zusammen. Aber dazu später mehr.

Unterm Strich muss der Forensiker dem Ermittler Informationen oder vielmehr Theorien liefern, die er dann zu einer Geschichte, einem möglichen Tathergang, einem Verlauf zusammensetzt. Dazu zählen der Ort des Geschehens wie beim Silberraub, Informationen zum mutmaßlichen Täter und zum Opfer. Starb es natürlich, durch einen Unfall, durch die Hand eines anderen? Lag es offen oder unter der Erde oder im Wasser? In feuchtem Grund oder trockenem? Und natürlich sammelt der Spurensucher auch Hinweise zu beteiligten Dingen, angefangen von Autos, Mordwerkzeugen bis hin zu Drogen und Giften. Dabei gilt die Locard'sche Regel, benannt nach dem Leiter des Lyoner Polizeilabors und Mitbegründer der modernen Forensik, Edmond Locard. Jeder Kontakt von zwei Materialien führt demnach zu einer Übertragung von Bruchstücken und -stückchen der Materialien; nur manchmal sind die Methoden des Aufspürens noch nicht fein genug … Gegenüber den prinzipiell unzuverlässigen menschlichen Zeugen haben solche Spuren zahlreiche Vorteile: »Dies ist der Beweis, der niemals vergisst. Er ist nicht verwirrt durch die Spannung des Augenblicks. Er ist nicht unkonzentriert, wie es die menschlichen Zeugen sind. Er ist ein sachlicher Beweis. Physikalische Beweismittel können nicht falsch sein, sie können sich selbst nicht verstellen, sie können nicht vollständig verschwinden. Nur menschliches Versagen, diese zu finden, zu studieren und zu verstehen, kann ihren Wert zunichtemachen«, schrieb Locard über die Kriminalistik. Ein Boden hat ein langes Gedächtnis – und er kann nicht lügen.

Doch nicht nur im überschaubaren Maßstab eines Mordes, einer Entführung oder eines Diebstahls entpuppt sich der Boden immer wieder als wichtiger Zeuge, als fernes Echo. Sogar ganze Schlachtfelder werden wiedergefunden, an denen Hunderte, Tausende Menschen ums Leben gekommen sind. Wenn die Toten begraben und Gras über die Sache gewachsen war, verblasste häufig die Erinnerung an den Ort des Gemetzels. Mit dem Verschwinden der Überlebenden und der Augenzeugen versickerten auch die Erinnerungen. Aus einem Ort wurde eine Geschichte, die immer wieder erzählt und irgendwann vergessen wurde.

Die berühmteste »verlorene« Schlacht fand im Jahr 9 nach Christus im düsteren Germanien statt. Der Plot ist bekannt und zählt heute immer noch zum festen Inventar erinnerungswürdiger Kriegsgeschehnisse. Die Römer hatten sich in jahrzehntelangen Kämpfen immer weiter in das rechtsrheinische Germanien vorgearbeitet. Zwar gab es kein klar umgrenztes Gebiet römischer Rechtsprechung, aber Vorposten, Siedlungen, befestigte Lager, die Handel erlaubten und den Hauch von Frieden und römischer Zivilisation verbreiteten. Im Herbst des Jahres 9 war es damit vorbei. Damals wurden drei Legionen, die XVII., XVIII., XIX., drei Alen, das sind zwischen 500 und 1000 Mann starke Reitereinheiten, und sechs zusätzliche Kohorten unter Führung des Feldherrn Publius Quinctilius Varus auf ihrem Rückmarsch in die Winterlager vom Cherusker Arminius und seinen verbündeten Germanen besiegt. Mehr als 20 000 Menschen fanden dabei den Tod, denn mit den Legionären und ihren Tausenden Reit-, Zug- und Tragtieren reiste ein gewaltiger Tross durch die Lande. Der Heerbann erstreckte sich über 20 Kilometer. Ein logistisches Monster, im unbekannten Terrain kaum zu führen.

Das politische Erdbeben, das der Verlust der Legionen auslöste, veränderte die Geschichte. Wer weiß, wie die Welt heute aussähe, wenn die römische Zivilisation damals nicht in germanischer Erde eine herbe Niederlage erlebt hätte.

Obwohl die Römer auch danach immer wieder Vorstöße unternahmen, ein römisches Germanien bis zur Elbe sollte es nicht mehr geben. Als Schlacht vom Teutoburger Wald ist die Niederlage in die Geschichte und ins Ego vieler Deutscher eingegangen. Allerdings gab es nach einigen Jahrhunderten ein beträchtliches Problem: Niemand wusste nach den Wirren der Völkerwanderung, wo der geschlagene Varus sich denn nun wirklich ins Schwert gestürzt hatte. Tacitus berichtete in den Annalen vage vom »*Teutoburgiensi saltu*«, die anderen Geschichtsschreiber hielten sich noch bedeckter. Doch irgendwie schien der heutige Teutoburger Wald nicht so recht zu den überlieferten Örtlichkeiten zu passen. Egal. Im 19. Jahrhundert zementierte das Hermannsdenkmal die Vorstellung und wurde auf diese Weise zum Wallfahrtsort der Deutschtümelei.

Dabei war der Ort schon damals nicht unumstritten. Bis heute gibt es mehr als 100 Theorien für den tatsächlichen Ort der Schlacht. Im Mittelalter etwa verortete man das Blutvergießen bei Augsburg, später bei Duisburg, Unna oder sogar bei Jena. Immer gab es mehr oder weniger gute Argumente, Hinweise und sogar vermeintliche Beweise. Leider gab der Boden in den vielen vermeintlich passenden Gegenden keine Legionen preis, die dort ihr Ende gefunden hätten.

Heute ist ein Fleckchen Erde ausgemacht, das als wahrscheinlichster Ort der Schlacht gilt. Unschuldig sieht die Gegend am Wiehengebirge aus. Wiesen, kleine Gehölze und Hecken, eine Bundesstraße führt durch die Provinz. Tiefer Frieden. Sollten hier wirklich die römische XVII., XVIII. und XIX. Legion untergegangen sein, inklusive Hilfstruppen, Tross und Feldherr?

Das Terrain ist ideal und entspricht den Überlieferungen. Zwischen dem Großen Moor im Norden und den Hängen des Kalkrieser Bergs findet sich ein sechs Kilometer langer und an der engsten Stelle einen Kilometer breiter Durchgang. Schon seit dem ausgehenden 17. Jahrhundert tauchten immer wieder römische Münzen aus dem Erdreich auf. Es entstand eine hübsche Sammlung, die den Historiker Theodor Mommsen 1885 zu der Erkenntnis brachte, hierbei müsse es sich um Münzen aus dem Heerbann Varus' handeln, und folglich sei die Schlacht hier geschlagen worden. Es folgte der typische Disput unter Wissenschaftlern. Letztlich sah sich jeder besser informiert und kompetenter als der Kollege. Das Schlachtfeld konnte noch ein paar Jahre ruhen.

1987 fand der britische Offizier Tony Clunn, der in seiner Freizeit die Landschaft mit einer Metallsonde durchstreifte, weitere Münzen. Ein Jahr darauf stieß er sogar auf Schleuderbleie und damit auf einen sicheren Wink, dass es hier tatsächlich eine militärische Auseinandersetzung gegeben hatte. Seitdem wird systematisch gegraben. Der Boden liefert zumindest schlüssige Hinweise, dass hier in jedem Fall ein bedeutendes Blutvergießen stattgefunden hatte. Im Grunde hat er den Schlachtverlauf über 2000 Jahre konserviert.

Hilfreich war dabei eine Besonderheit der Landwirtschaft in Nordwestdeutschland. Denn die Böden im Norden basieren häufig auf Sand und sind im Prinzip arm und damit wenig fruchtbar. Die Bauern halfen ihren Feldern seit dem Mittelalter auf die Sprünge, indem sie die obersten Schichten Gras- oder Heideböden abtrugen und zusammen mit Streu, Mist und Asche auf die Krume brachten. Und das über Jahrhunderte. Plaggenwirtschaft nennt man diese spezielle Form der Bodenverbesserung, und sie führte bei Kalkriese dazu, dass über dem

Schlachtfeld eine mehrere Meter dicke Schicht entstand. Oder vielmehr über Teilen des Schlachtfeldes, und genau an diesen Stellen fand man wesentlich mehr als an Grabungsorten, die nicht landwirtschaftlich genutzt wurden.

Nachdem man die künstliche Bodenschicht entfernt hatte, kamen immer mehr Münzen, Fragmente von Ausrüstungsgegenständen und Knochen ans Tageslicht. Sogar eine 400 Meter lange Wallanlage, von der die Germanen seinerzeit auf den römischen Heerbann losgestürmt sind, fand man. Das heißt, von ihr war kaum etwas zu erkennen, aber dort, wo früher hölzerne Pfosten standen, war der Boden anders gefärbt.

Mitunter muss man nicht einmal in den Untergrund buddeln, um ein Echo der Vergangenheit aufzufangen. Archäologen machen sich die Eigenschaften der Erde und ihren Einfluss auf die Vegetation darüber zunutze, um die Vergangenheit zu entschlüsseln. Dabei hilft ihnen die Vogelperspektive. Beim Spazierengehen fallen die Unterschiede nicht auf, doch auf Luftbildern zeichnen Gräser alte Gebäude nach. Der Effekt ist schnell erklärt: Vor, sagen wir mal, 500 Jahren steht ein Haus an einem Weg. Es brennt ab, die Bauern der Umgebung nehmen den einen oder anderen Stein mit, der Rest wird von Gestrüpp überwuchert. Schließlich überdeckt neue Erde das Fundament. Es ist unsichtbar. Doch die Schicht über der alten Mauer ist nicht so mächtig wie einen halben Meter weiter. Sie kann weniger Wasser speichern und bietet den Pflanzen weniger Chancen. Auf dem Luftbild lässt sich ein Viereck aus gelben Pflanzen ausmachen. Dieser negative Wuchseffekt zeigt sich auch über alten Straßen. Natürlich gibt es auch einen positiven Effekt: wenn etwa ein ehemaliger Graben wieder voller Erde ist und den Pflanzen mehr zu bieten hat als die Umgebung.

Von diesen Auswirkungen können Landwirte übrigens schon in der Gegenwart berichten. Über allen unterirdisch verlegten Leitungen kommt es zu Ernteausfällen. Und so sind Bauern gar nicht glücklich, wenn großzügig unter ihrem Land Stromtrassen entlanglaufen. Zum einen fließt gerade im Hügelland Wasser schneller ab; die Stromleitungen wirken wie eine Drainage. Und zum anderen erwärmt sich der umgebende Boden, da immer ein klein wenig der durchfließenden Energie als Wärme nach außen gelangt. Im Winter sieht man dann besonders deutlich, wo der Strom fließt – es liegt kein Schnee darüber.

Wenn Boden selbst nach Jahrtausenden seine Geschichte zu erzählen vermag, wie viel mehr zeigt er, wenn nur ein paar Jahrhunderte, nur ein paar Jahrzehnte oder gar nur wenige Jahre in ihm begraben liegen? Boden hat eben ein Gedächtnis. Ein verdammt gutes.

Mitunter geben sich die Heerführer alle Mühe, den Boden selbst all seiner Eigenschaften zu berauben: Aus Leben wird Tod. Als an jenem strahlenden Sommertag im Jahr 1914 in Sarajewo Schüsse fielen, begann ein Schlachten, dessen Spuren heute noch zu sehen sind. Und waren es früher Feldschlachten, Kavallerie und Hurra, so wurde jetzt das Bild des eingegrabenen Soldaten zum Synonym für das Grauen. Zwar hatte es etwa bereits bei der Belagerung Wiens durch die Türken 1683 und während des amerikanischen Bürgerkriegs verbissene Kämpfe um ins Erdreich gewühlte Stellungen gegeben, aber erst im Ersten Weltkrieg wurde der Grabenkrieg zu dem Schrecken der Soldaten.

Gerade im Westen bedeutete Krieg Kampf um den Boden. Seit der Marneschlacht im September 1914 war die Front im Westen weitgehend erstarrt. Auf 750 Kilometern Länge hatten sich die Deutschen genauso in den Untergrund gewühlt wie Franzosen und Briten. Zuerst waren es nur einfache Gräben, die jedoch nach und nach ergänzt, ausgebaut und perfektioniert wurden. Standard war die Anlage im Zickzack. Gewunden wie eine Schlange. Im Graben selbst konnte man keine zehn

Meter weit sehen, doch so konnten Splitter, Handgranaten und feindliche Soldaten nur geringen Schaden anrichten. Und ein Graben war nicht einfach nur ein Graben. Die Systeme staffelten sich in der Tiefe in Haupt- und Reservegräben, Vorposten und Bunker. Auf 40 000 Kilometer wuchs das Geflecht im Laufe des Krieges heran, allein die Deutschen wühlten dabei geschätzte 46 Millionen Kubikmeter Erde um.

Aus diesen Systemen im Untergrund musste man die feindlichen Soldaten vertreiben und sie selbst besetzen. Das hört sich einfach an, war aber ein mörderisches Unterfangen. Einem Angriff durch Infanterie ging in der Regel ein Artilleriefeuer voraus, um den Gegner mürbe zu machen und leichtes Spiel zu haben. Das Ergebnis ist bekannt. Eine Variante des Grabenkrieges war das Unterminieren der Feinde. Die Methode war denkbar einfach: Tunnel graben, mit Sprengstoff füllen und bei passender Gelegenheit in die Luft jagen. Auch die Ergebnisse dieser Taktik waren verheerend, ohne jedoch wirklich einer Seite den entscheidenden Vorteil zu bringen.

Welche Ausmaße das annehmen konnte, zeigt die Schlacht bei Messines im Juni 1917. Damals gruben vor allem englische, walisische, kanadische und australische Soldaten 8000 Meter Tunnel unter die deutschen Stellungen und stopften sie mit 400 Tonnen des Sprengstoffs Ammonal voll. Der Stabschef der britischen 2. Armee, General Sir Charles Harington, schrieb am Vorabend der Schlacht: »Gentlemen, we may not make history tomorrow, but we shall certainly change the geography.« (»Meine Herren, ich weiß nicht, ob wir morgen die Geschichte ändern werden, aber auf jeden Fall werden wir die Landschaft ändern.«) Am 7. Juni 1917 um 3.10 Uhr wurden die meisten Sprengsätze gezündet. 19 gewaltige Explosionen töteten 10 000 deutsche Soldaten und veränderten den Untergrund, wie es der General vorhergesagt hatte, für immer. Der Donnerschlag soll noch in London gehört worden sein.

Am Ende des Krieges war das Schlachtfeld wirklich kaum wiederzuerkennen. Mehrere 10 000 Quadratkilometer Landoberfläche waren verändert worden. Und in der Regel zerstört. Auch im Zweiten Weltkrieg kam es zu ähnlich großflächigen Bodenveränderungen; zum Beispiel bei der Invasion in der Normandie oder beim Sturm auf Berlin im Frühjahr 1945. Nicht zu vergessen die Bombardierungen von Siedlungsgebieten.

Boden veränderte dabei auf verschiedene Arten seinen Charakter. Augenfällig ist selbst heute noch die Struktur, die von den Grabensystemen und von Granaten und Bomben geschaffen wurde. Manche Landstriche in Flandern oder bei Verdun gleichen heute noch Kraterlandschaften. Schätzungsweise 1,45 Milliarden Artilleriegeschosse haben das Erdreich sehr erfolgreich bis in mehrere Meter Tiefe umgepflügt. »Bombturbation« nennen das manche Forscher in Anlehnung an die Bioturbation, die Durchwühlung des Bodens durch Lebewesen. Sprengungen wie bei Messines haben das Unterste gar aus mehreren Dutzend Metern nach oben gekehrt. Zusätzlich gelangten Unmengen an Schadstoffen in die Erde. Allein der Blei- und Kupfergehalt auf den ehemaligen Schlachtfeldern liegt heute noch um ein Vielfaches höher, als normal wäre. Hinzu kommen weitere Schwermetalle, Arsen und Ammoniumperchlorat. Letztere waren etwa Teil von Granatenzündern. Und so ist der Arsengehalt im Boden hier um ein Tausendfaches höher als gewöhnlich.

Ein Nebeneffekt der Kampfhandlungen auf den Boden war, dass der Erosion Vorschub geleistet wurde. Wälder wurden gerodet, um Unterstände zu bauen oder ein besseres Schussfeld zu haben. Monate- oder gar jahrelang schützte keine Pflanze den Boden, sodass Regen und Wind Humus und Feinboden abtragen konnten. Die hohen Temperaturen bei Explosionen und von ihnen ausgelöste Brände haben Bodenminerale und Strukturen zusätzlich verändert.

Die konservierenden Eigenschaften des Bodens auf übrig gebliebenes Kriegsgerät, also Ausrüstung, Waffen und Munition, sorgen heute noch regelmäßig für Schlagzeilen. Und das weltweit. In Deutschland sind im Zweiten Weltkrieg schätzungsweise 250 000 Bomben nicht explodiert. Pro Jahr werden rund 5000 entdeckt, aus dem Erdreich gepult und entschärft. In der libyschen Wüste warten noch 20 Millionen Minen auf einen Gegner, der schon vor mehr als 75 Jahren kommen sollte. Die Trockenheit der Sahara hält die Sprengkörper am Leben, verletzt und tötet heute noch.

Wesentlich friedlicher ist der Tod in unserer Nachbarschaft. Jedes Jahr sterben 860 000 Menschen in Deutschland. Und selbst wenn Bestattungen auf See oder in ausgewiesenen Wäldern immer populärer werden, gilt hierzulande die Regel, dass, wer in Deutschland stirbt, seine letzte Ruhe gefälligst auf einem der rund 32 000 Friedhöfe findet. Bei uns gibt es nämlich eine Friedhofspflicht. Das ist weniger eine bürokratische Schikane als vielmehr eine hygienische Maßnahme. Denn wenn Verstorbene verwesen, kommt es zu Prozessen, die man besser unter Kontrolle hält. Dabei geht es im Grunde um nichts anderes als den Aufschluss komplexer organischer Materie. Der Mensch wird wieder in Grundbausteine zerlegt. Ist er gestorben und haben seine Zellen den Dienst mangels frischen Sauerstoffs endgültig eingestellt, beginnt der Zerfall. Darmbakterien sind die Initialzünder, und ihre Enzyme übernehmen den toten Körper. Nach einiger Zeit erscheint der Körper marmoriert, weil die Mikroben die Adern besetzt haben. Stoffwechselprodukte entstehen, die sich als Gase im Körper sammeln und als Flüssigkeit aus den Körperöffnungen austreten. An der Luft verflüssigt sich der Großteil des Körpers relativ schnell, und nach ein bis zwei Jahren ist nur mehr die härtere Bausubstanz übrig: Haare, Fingernägel, Knochen. Am Schluss sind Wasser, Kohlenstoffdioxid, Phosphat und Harnstoff übrig. Dabei gilt: Je besser die Sauerstoffversorgung, desto schneller ist der Mensch wieder zu Staub geworden. Allerdings ist dieser Prozess immer ein Mix aus Verwesung – mit Sauerstoff – und Fäulnis – ohne Sauerstoff –, denn im Körper müssen die Organismen erst einmal ohne Außenluft auskommen.

Friedhöfe werden häufig bereits seit Jahrzehnten, manchmal seit Jahrhunderten benutzt. Zuerst lagen sie in nächster Nachbarschaft zur Kirche. Wo der Friedhof lag, war eher eine gesellschaftliche und nicht zuletzt eine Platzfrage. Unter rein praktischen Anforderungen sollte der Gottesacker aber häufig ganz woanders liegen. Sauerstoff muss ran. Also sollte das Grab in luftiger, zumindest lockerer Erde liegen. Das heißt, die Bodenart muss ausreichend Grobporen haben, während ein dichter Lehmboden wenig geeignet ist. Damit einher geht auch, dass Wasser möglichst nicht den Verwesungsprozess stört. Ein Grab sollte nicht dort liegen, wo Grundwasser ansteht. Oder über einer Bodenschicht, die Regenwasser staut.

Im Idealfall kann eine Leiche im Sarg fast vollständig verwesen. Und dann sind auch Mindestliegezeiten von 15 Jahren kein Problem. Als Faustregel gilt: Je saurer der Boden, desto schneller löst sich der Verstorbene auf. Allgemein üblich ist eine Liegezeit im Grab von 20 bis 30 Jahren, bei Kindern ist sie kürzer, beträgt bei Bestattungen unter Bäumen dagegen sogar bis zu 99 Jahre. Doch wenn die Bedingungen schwierig sind, wird das mit dem Wieder-zu-Staub-Werden nichts. Es sind Mumien, die dann entstehen. Nur nicht durch Trockenheit, sondern durch mangelnden Sauerstoff. Dabei werden Fette im Körper nicht mehr abgebaut, sondern wandeln sich in Leichenwachs um. Aus dem komplexen Körperfett mit seinen ungesättigten Fettsäuren spalten sich Salze, Glycerin und gesättigte Fettsäuren ab. Und diese Fettsäuren sind bei Sauerstoffmangel schwer verdaulich für die fleißigen Zersetzer. Sie bilden dann eine zähe und beständige Schutzschicht, die weder Wasser noch Luft durchlässt. Solches Leichenwachs hält sich mitunter Jahrhunderte. Für Friedhofsverwaltungen sind Wachsleichen ein ernstes Problem.

Zudem machen die Toten selbst den Böden immer mehr zu schaffen. Zum einen sind ihre Särge haltbarer als früher. Es gibt immer mehr Menschen, die sich in einen Eichen- statt in einen Fichtensarg betten lassen wollen. Das ist schon mal ein Problem, denn die Eiche erschwert es Insekten als den ersten Zersetzern, an ihren Arbeitsplatz zu kommen. Ist der Sarg gar aus Metall oder aufwendig lackiert, bringt das zusätzliche Probleme, genauso übrigens wie eng anliegende Kleidung oder Kunstfasern. Außerdem ist jeder Mensch heute eine wandelnde Sondermülldeponie; Amalgam in den Zähnen, künstliche Körperteile in den Gelenken und Gliedmaßen, gegebenenfalls Silikonkissen, und sogar im Herzen finden sich Dinge, die nicht so ohne Weiteres verrotten. Medikamente erschweren die Verwesung zusätzlich. Auch eine Bestattung in einer Urne unter einem Baum birgt Risiken, denn die im Menschen und bei der Verbrennung entstandenen Schadstoffe landen letztlich auch im Erdreich.

Kieler Bodenkundler haben bei gut 1000 Friedhöfen nachgefragt. Dabei zeigte sich, dass unvollständige Verwesung häufiger vorkommt, als es den Friedhofsmitarbeitern lieb ist. Viel zu oft begegnen ihnen selbst nach 30 Jahren Leichen, an denen die Zeit einfach vorbeigegangen ist. Vorsichtigen Schätzungen zufolge haben 45 Prozent der deutschen Friedhöfe problematische Boden- und Zersetzungsverhältnisse. Ein Friedhofsboden kann eine Menge berichten über Moden und technischen Schnickschnack.

Doch es gibt viel giftigere Dinge, die ebenfalls lieber begraben und vergessen worden wären. Auch in solch einem Fall gilt: Der Boden vergisst nichts und zahlt es einem irgendwann heim. Gerade in Deutschland hat die Industrialisierung im

Untergrund Spuren hinterlassen. Wenigstens 320 000 Flächen, die unter Verdacht stehen, dass Stoffe in den Boden gelangt sind, die dort besser nicht sein sollten. Allein in Niedersachsen gibt es 94 000 solcher Flächen. Das reicht von kleinen Fischen, etwa Unternehmen, die »nur« ihre Lösungsmittelreste auf dem kurzen Weg entsorgt haben, bis zu den großen Chemiekomplexen der DDR, die über Jahrzehnte die Umwelt heimsuchten.

Wenn die einst stolzen Firmenlenker selbst längst den Weg allen Irdischen gegangen sind, in der Erde bleiben sie ein Erbe. Und genauso wie die Schauplätze von Schlachten und Gräbern niemanden mehr haben, der sich ihrer erinnert, geht es alten Fabrikgeländen, Bergwerken, Müll- und Abraumhalden. Auch hier braucht es mitunter kriminalistischen Spürsinn.

Dabei helfen zum Beispiel Pflanzen. Eine Studie des Bundesforschungszentrums für Kulturpflanzen, des Julius-Kühn-Instituts in Braunschweig, hat Misteln als Zeugen für verseuchte Böden ausgemacht. Die Forscher haben um die Stadt Goslar im Harz Pappeln untersucht. In der Umgebung der Stadt ist durch den jahrhundertelangen Bergbau der Boden häufig mit Kupfer, Zink und Blei belastet. Auf Böden mit niedrigen Anteilen waren nur neun Prozent der Bäume mit Misteln bewachsen. Wohingegen auf stark belasteten Böden jede zweite Pappel von Misteln geschmückt war. So gibt der Parasit einen ersten Hinweis, dass im Boden etwas lauert.

Doch auch wenn belastete Flächen entdeckt werden – Folgen hat das für die Verursacher kaum. Die Bundeskriminalstatistik erfasst pro Jahr mehr als 1000 Fälle von Bodenverunreinigungen als Umweltstraftat nach § 324 a StGB. Ein Urteil gibt es gerade einmal in gut 90 Fällen. Der Boden hat kaum etwas davon, und der Steuerzahler bezahlt in der Regel für das Aufräumen.

Genauso wie der Boden die chemischen Sünden der Vergangenheit speichert, erinnert er auch an die Folgen eines tödlichen Energie-Irrwegs. Am 26. April 1986 kam es um 1.23 Uhr

Ortszeit nach einer verhängnisvollen Verkettung von Zufällen, menschlichem Versagen und einer undurchdachten Technik zu einer Schmelze im Atomkraftwerk Tschernobyl. Der Reaktor explodierte, und die Wucht verteilte rund ein Drittel der 190 Tonnen atomaren Brennstoffs in die Umgebung des AKW und in die Atmosphäre, vor allem die Isotope Jod-131, Cäsium-134 und Cäsium-137. Daneben geringere Mengen solcher Exoten wie Krypton-85, Strontium-90 und Plutonium-239. In Europa waren 3 900 000 Quadratkilometer mit Cäsium-137 verseucht. Allein in Weißrussland galten 22 Prozent der Landesfläche als verstrahlt. Die radioaktiven Wolken waberten auch über Süddeutschland, und mit dem Regen gelangten die Isotope auch in deutsche Böden.

Zwei Dinge sind seit damals passiert. Zum einen zerfallen die radioaktiven Stoffe Stück für Stück. Je nach Isotop unterschiedlich schnell. Jod-131 ist beispielsweise bereits nach acht Tagen zur Hälfte zerfallen. Cäsium-137 hat eine Halbwertszeit von 30 Jahren. Das heißt auch, dass selbst heute immer noch die Hälfte des Isotops dort im Boden ist, wo es der Niederschlag hingespült hat. Zum anderen helfen Wind, Regen, fleißige Lebewesen, ein steter Fluss neuer Blätter oder Gräser dafür, dass die Stoffe im Boden versinken.

Mittlerweile sind die radioaktiven Isotope bereits zwei Handbreit tief im Untergrund verschwunden. Das heißt: Sie sind immer noch da. Und auch wenn wir selbst nicht graben, holen Pflanzen und Tiere selbstverständlich das Zeug wieder an die Oberfläche. Dabei sind die Isotope in Ackerland kaum nachzuweisen, denn sie werden von den Feldfrüchten aufgenommen, geerntet und so Stück für Stück entfernt. Zudem ist das Cäsium fester an die Tonminerale des Bodens gebunden. Im Wald sieht das anders aus. Hier bestimmt der stete Stoffumsatz, das immerwährende Recycling der Nährstoffe, über den Verbleib. Vor allem Pilze und Wildschweine aus Gegenden, die damals viel abbekommen haben, strahlen auch heute noch. Kein Wunder, denn Wildschweine stehen auch auf unterirdisch wachsende Pilzarten. Bis zu mehrere Tausend Becquerel pro Kilogramm misst man bei Wild und einigen Pilzen. Sondermüll, denn in Deutschland dürfen Lebensmittel mit einem Cäsium-137-Gehalt von mehr als 600 Becquerel pro Kilogramm nicht verkauft werden. Das Bundesamt für Strahlenschutz rät denjenigen, die lieber auf Nummer sicher gehen wollen, auch heute noch auf Wildpilze oder die Wildschweinkeule aus dem Bayerischen Wald zu verzichten. Oder es damit zumindest nicht zu übertreiben.

Kein Zweifel, wir Menschen treten den Boden in der Regel mit Füßen. Irgendwie hat das aber Züge einer gestörten Wahrnehmung und eines schwer verständlichen Verhaltens. Denn wir wissen durchaus, was wir dem Boden zu verdanken haben. Und zeigen es mitunter auch. Erde ist ein wichtiger Bestandteil unserer Folklore.

Kapitel 7
Ehret eure Erde

»Wahrlich, Wir haben den Menschen erschaffen aus trockenem, tönendem Lehm, aus schwarzem, zu Gestalt gebildetem Schlamm.«

Koran, Sure 15, Vers 27

»... the Latin name for man, homo, derived from humus, the stuff of life in the soil.«

Dr. Daniel Hillel

Die Geschichte ist ein Klassiker. Der Schöpfer trennte Himmel und Erde und ließ Pflanzen und Tiere, von der Rose bis zum Walfisch, aus dem Boden schießen. Schließlich formte er den ersten Menschen aus dem Lehm. Wir kennen ihn als Adam. Mit ihm krönte er quasi seine Arbeit. Zumindest könnte man den Eindruck bekommen, er habe erst an den anderen Mitgeschöpfen geübt, um sich dann ein Meisterstück zu gönnen. Warum er dann nicht weiter auf den bewährten Baustoff setzte und stattdessen die erste Frau aus einer Rippe schnitzte, ist nicht bekannt ... Sei es drum, der erste Mensch ist also aus Erde. Schon sein Name kommt nicht von ungefähr.

Sprachen leben von Querverbindungen, Traditionen und Bezügen zu der Lebenswirklichkeit ihrer Nutzer. Gerade in semitischen Sprachen wie dem Arabischen lässt sich gut beobachten, wie sich aus einer Sprachwurzel, dem reduzierten Buchstabenfragment, ein ganzes Bündel an Begriffen entwickelt. Aus dem Mitlaut *ktb* wird daraus beispielsweise durch Einbauen verschiedener Selbstlaute *kitab* (»Buch«), *maktib* (»Brief«) oder *kataba* (»schreiben«).

Und auch für den Stammvater aus der Bibel gibt es ein sprachliches Fundament: Auf Hebräisch bedeutet *dam* »Blut«, *adom* »rot«, und so steht im klassischen Hebräischen, wie es in der Urfassung des Alten Testaments genutzt wurde, *adamah* für einen »roten Erdboden«. Adam ist somit ein »Erdling« – die Schöpfungsgeschichte verknüpft den ersten Menschen aufs Innigste mit dem Boden. Damit ist es auch leichter zu verstehen, warum in traditionellen jüdischen Speisegesetzen vorgeschrieben ist, dass das Blut des getöteten Tieres in den Staub fließen und wieder mit ihm bedeckt werden solle. Gott bekommt etwas zurück. Ein Echo des sechsten Tages.

Adam ist für Juden, Christen und Muslime gleichermaßen der erste Mensch. Und aus Erde. Mohammed liefert in einem Hadith (ein Wort, das einen einzelnen Ausspruch des Propheten genauso bezeichnet wie eine ganze muslimische Zitatensammlung) denn auch gleich eine praktische Erklärung für die verschiedenen Hautfarben der Menschen: »Allah erschuf Adam von einer Handvoll Erde, die aus den Bestandteilen der gesamten Erde bestand. Und so entstanden die Kinder Adams, das heißt die Menschen, entsprechend den verschiedenen Bestandteilen der Erde. So gibt es unter den Menschen rote und weiße und schwarze und welche, (deren Hautfarbe) dazwischenliegt. Und so gibt es sehr einfach umgängliche und raue Menschen und welche, (deren Charakter) dazwischenliegt. Und so gibt es gute und schlechte Menschen und welche, die dazwischenliegen.«

Auch die jüdische Überlieferung bringt einen weithin unbekannten Seitenaspekt der Schöpfung. Demnach schickte Gott gegen Ende seiner ersten Arbeitswoche seinen Engel Gabriel los, um Erdboden aus allen vier Ecken der Welt zu holen. Schließlich hat er nicht nur einen Mann, sondern auch eine Frau aus Lehm geschaffen. Die war aber alles andere als eine fügsame Dienerin für den braven Adam, sondern klug und selbstbewusst. Lilith hieß sie und hat bei passender Gelegenheit Gottes geheimen Namen in Erfahrung gebracht. Mit diesem Wissen konnte sie sich alles erlauben, alles wünschen, hat Flügel bekommen und ward nicht mehr gesehen. Nach diesem Experiment sei Gott dazu übergegangen, lieber eine Rippe als Baustoff zu verwenden...

Erde ist auch für andere Kulturen ein nicht unerheblicher Teil ihrer Schöpfungsmythen. Die Kraft und Heiligkeit, die der Erde zugemessen wird, verwundert nicht, sind wir doch, spätestens seitdem Landwirtschaft und nicht mehr das Wildbeutertum unser Überleben sichert, auf Gedeih und Verderb vom Acker abhängig.

Mit den ersten Ackerbauern fand auch das von den Göttern geschickte Glück für das Gedeihen der Feldfrüchte seinen Weg zur Erde. Im Zweistromland, der Wiege des Ackerbaus, verehrte man über die Jahrhunderte eine ganze Schar von Göttern. Manche machten Karriere, wechselten den Namen, den Familienstand, wurden von Ehefrauen zu Töchtern und so weiter. Götter und ihre Geschichten haben seit alters das Interesse der Menschen geweckt; ein Pantheon voller Intrigen, vielleicht stellt man sich das am besten vor wie einen Mix aus *Lindenstraße* und *Germany's Next Topmodel*. Auf und ab, Kommen und Gehen, und die Show ist alles.

Jedenfalls gilt Urasch den Sumerern als Gottheit, zuständig für die Erde. Sie ist Gemahlin des Himmelsgottes An. Mit im Spiel ist auch Ninlis als Göttin, in deren Ressort das Getreide fällt. Ebenso die Fruchtbarkeitsgöttin Inanna. Ein weiterer Vertreter, den man anbeten konnte, damit die Ernte gedieh, war Ninurta, zuständig für Ackerbau, Heilkunst, Jagd und das

Recht. Ein Pflug wird als sein Symbol gesehen. Einer Sage nach soll er Berge so umgestaltet haben, dass alles Wasser in Euphrat und Tigris floss. Diese Landschaftsplanung diente dazu, optimale Bedingungen für eine Bewässerung von Ackerflächen zu schaffen. Damit war er recht erfolgreich. Später übernahm er allerdings einen Job als Kriegsgott.

Wie wichtig Bewässerung für die Bodenbewirtschaftung war, spiegelt sich auch darin, dass mehrere Gottheiten dafür zuständig waren: Enbilulu etwa oder Enkimdu… Will man so etwas wie einen Pfad durch den Dschungel der frühen Glaubenswelt schlagen, entfernt man am besten die ganzen Manifestationen. Dann bleibt die Verehrung von Fruchtbarkeit übrig. Schon bei den Jägern und Sammlern galten Frauen respektive Göttinnen als Hüterinnen des Fortbestehens, der Fruchtbarkeit. Da war es ein Leichtes, das auf fruchtbare Erde zu übertragen. Auch das männliche Prinzip hatte darin seinen Platz. Die Befruchtung und Symbole dafür ergänzen den Kultkanon. Letztendlich ist es einfach: Ohne Wasser nutzt der beste Boden nichts. Er bleibt ohne Frucht.

Es gibt einen schönen Begriff für die Glaubenswelt von Kulturen, die ihr Glück im Boden suchen: Chthonismus. Der Begriff bezieht sich auf das alte griechische Wort *chthon* für »Erde«. Weltweit findet man sogenannte chthonische Religionen.[20] Ihr Echo hallt bis heute nach. Gaia hat es in die Moderne geschafft. Das kam so: Der griechische Dichter Hesiod berichtet gut 700 vor Christus, wie alles mit den Göttern angefangen hat. Aus dem Chaos in grauer Vorzeit entstanden die fünf ältesten Götterfiguren: neben Nyx, Erebos, Tartaros, Eros auch Gaia, die Göttin der Erde. Die weitere Familiengeschichte ist verworren und kennt wieder einmal schlimme Untiefen des Verhaltens und Miteinanders, kann also getrost abgekürzt werden. Aber wichtig ist, dass Gaia die ganze Antike lang fester Bestandteil von Opferfesten und Huldigungen blieb. Sie galt ebenso als Lebensspenderin wie auch als Figur, in deren Schoß die Toten zurückkehrten. Sie symbolisiert den Kreislauf, wie wir ihn idealerweise in einem Boden haben. Noch heute ist sie in Gestalt der Gaia-Hypothese der Forscher James Lovelock und Lynn Margulis präsent. Demnach sind die Erde und ihre Biosphäre ein einziger Organismus.

Die Griechen kannten noch eine andere Göttin, die für die Erde verantwortlich zeichnete: Demeter. Die Göttin gehörte zum exklusiven Club der olympischen Götter. Zu der Zeit bezeichnete das weniger das Mitmachen bei einer Sportveranstaltung als eher die Wohnsituation. Sie ist verantwortlich für die Fruchtbarkeit und die Jahreszeiten. Sicher war sie der Stolz ihrer Oma, der schon genannten Gaia.

Das Äquivalent zu Demeter war im alten Rom Ceres. Auch sie wird wie schon Demeter gerne mit Ähren dargestellt. Zu ihren Dunstkreis gehörten aber auch die Schlange und die Ameise.[21]

Die Welt- und Menschheitsgeschichte kennt noch viele göttliche Entitäten, die mit dem Boden verbunden sind. In Südamerika ist dabei die Pachamama als Muttergottheit die bekannteste. Viele Völker haben sie schon lange verehrt, bevor die Spanier kamen. Und trotz der Christianisierung hat sie auch heute noch ihren Platz. Es gibt Rituale vor der Saat. Da dafür der Boden verletzt werden muss, sollen Opfer aus Alkohol und Blut die Göttin versöhnen.

Weltweit wurde sie 2006 durch die Amtseinführung des bolivianischen Präsidenten Evo Morales bekannt. Er bedankte sich bei der Erde für seinen Erfolg. Später nahm Bolivien Pachamama in die Verfassung des Landes auf.

Bemerkenswert ist, dass sich ihre Heiligkeit und die der Jungfrau Maria in Südamerika vermischen, und so wird Maria zur Erdgöttin. Irgendwie.

Bei allen Unbilden und allem Ausgeliefertsein der Menschen

dem Boden gegenüber ist es kein Wunder, dass man dem Wohlwollen der höheren Macht etwas auf die Sprünge helfen wollte, mitunter noch heute. Fruchtbarkeitskulte hat es immer gegeben und gibt es immer noch. Selbst das Osterfest ist letztlich ein Kult um das Erwachen und die Hoffnung auf künftigen Ertrag.

Noch direkter um das Wohlwollen für den Boden bitten Feldbegehungen. Beispielsweise der Saatritt zwischen Ostritz und dem Kloster St. Marienthal in der Lausitz. Osterritte wie hier gibt es auch in anderen Teilen der Republik. Ebenso finden zu Christi Himmelfahrt Flurprozessionen statt. Und so wie es hier um die kommende Ernte geht, gedenken Erntedankfeste der erfolgreichen Partnerschaft mit den Göttern. Dabei gibt es oft Strohgestalten. Deren Ursprung sind die Korndämonen, böse Geister, die sich angeblich auf den Feldern herumtrieben. Kulturgeschichtlich sind die Korndämonen wohl ein Erziehungsmittel, um Kinder vom Spielen im reifenden Getreide abzuhalten. Und sie sind die letzten Überbleibsel der alten Gottheiten, die sich einst um die Fruchtbarkeit des Bodens sorgten.

Neben der spirituellen Bewunderung gibt es Menschen, für die Erde nicht nur im übertragenden Sinn Nahrung ist. Schon Alexander von Humboldt bemerkte vor 200 Jahren, dass die Otomaken-Indianer im heutigen Venezuela sich an Erde gütlich taten. Sie würden einen bestimmten Flusslehm genießen, den sie obendrein noch am Feuer rösteten. Ein anderer Forscher berichtet von den Mengen: täglich zwischen 125 und 625 Gramm. Wohl bekomm's.

Geophagie kennt man von allen Kontinenten. Zwei Erklärungen bieten sich an: Es ist der blanke Hunger, der Menschen dazu treibt, Erde zu essen. Der Spanier Bernal Diaz del Castillo war bei der Expedition des Konquistadoren Hernán Cortes in Mexiko dabei. Ihm war aufgefallen, dass die Azteken Schlamm des Sees von Tenochtitlan aßen, wenn es sonst nichts zu beißen gab. Er habe wie Käse geschmeckt.

Auch in Europa kennt man das Phänomen: Bergmehl oder Steinbutter hieß die Delikatesse aus dem Untergrund. Sie wurde mitunter dem Mehl beigemischt, um Brot zu backen. 1597 berichtet eine Basler Chronik davon, wie Bäcker das Zeug verwendeten. Im Dreißigjährigen Krieg sollen Menschen beispielsweise in Pommern und in der Lausitz auf eine mehlartige Erde zurückgegriffen haben. Auch aus Schweden gibt es einen Bericht von 1832 über die Beimischung von Erde zu Mehl.

Vielleicht war es der Geschmack? Eine besondere Note? In Westafrika soll ein bestimmter Boden beliebt als Snack gewesen sein. Roh oder über kleiner Flamme geröstet … Dem Genuss und sicher auch dem Aufputschen und Unterdrücken eines Hungergefühls dienen das Kauen von Koka oder Betelnuss. Dabei ist oft Kalk mit in der Portion.

Alternativ könnte ein uralter Instinkt hinter dem Erdeessen stecken, wie wir Menschen Giftstoffe aus dem Körper entfernen. Frei nach dem Motto: Dreck reinigt den Magen. Bekannt sind vor allem die spektakulären Ausflüge der Aras an Lehmklippen im Regenwald von Peru. Die Vögel kommen regelmäßig hierher. Dabei haben sie genug Futter. Der Wald bietet zahlreiche Früchte. Dennoch: Zu Hunderten krallen sich die Vögel in die Erde und fressen davon. Wenn man genau hinschaut, fressen die Papageien nur von einer bestimmten Schicht. Den Rest der Erde verschmähen sie. Dahinter steckt die spezielle Chemie der Erde; die gefressenen Tonpartikel aus der Wand sind nämlich negativ geladen. Gift- und Bitterstoffe aus Pflanzen im sauren Magen hingegen positiv. Die Tonminerale binden somit die unbekömmlichen Inhalte der Pflanzenmahlzeit.

Womöglich ist es also die heilsame Wirkung der Tonminerale. In Afrika greifen 30 bis 80 Prozent der Menschen regelmäßig zu Erde. Vor allem Frauen essen zwischen 100 und 400 Gramm täglich. Hintergrund ist, dass die Erde ähnlich wie eine Kohletablette bei Durchfall wirkt. Und zudem ist sie ein einfaches Mittel gegen Sodbrennen und Schwangerschaftsübelkeit. Wenn eine Frau Erde isst, liefert das Stoff für die Gerüchteküche. Übrigens greifen immer mehr Männer zu dem Happen – er gilt als Stimulans.

In der Drogerie um die Ecke gibt es auch bei uns Erde zum Essen. Hübsch verpackt, klinisch einwandfrei und leicht dosierbar. Heilerde hat eine lange Tradition. Schon in der Antike fand *bolus armenicus*, »armenische Heilerde«, ihre Anwender. Armenien war ein Abbaugebiet und wurde wie Tempo oder Tesa zum Synonym für diese zutiefst irdische Arznei. Die Imperien kamen und gingen, die Heilerde blieb. Man setzte sie Wein oder einer Mahlzeit zu, verarbeitete sie zu Pasten und schmierte sie auf Wunden. Gegen Asthma, Pest und Blutungen sollte sie helfen. Gegen die Pest sogar vorbeugend.

Der gute Ruf hat sich bis in die neueste Zeit erhalten. Pfarrer Sebastian Kneipp propagierte ihre Wirkung, und die Naturheilkunde setzt noch heute darauf. Heilerde hat mit Schmutz gar nichts zu tun, es gibt sie als Pulver, Granulat oder Kapsel. Ganz zeitgemäß.

Allerdings hat auch das Erdeessen seine Tücken. Denn genauso wie Giftstoffe aus dem Körper geholt werden, können Tonminerale Arzneien aus dem Körper entfernen, bevor sie ihren Zweck erfüllen. Zudem sind viele Böden mit Schwermetallen belastet. Das kann natürliche Ursachen haben. Und schließlich weisen Minerale häufig einen hohen Aluminiumgehalt auf. Das Leichtmetall steht im Verdacht, sich im Körper anzureichern und eine Rolle bei Rheuma, Krebs und Demenz zu spielen. Immerhin hat sich das Bundesamt für Risikobewertung damit beschäftigt und rät zu einer Maximaldosis von einem Milligramm Aluminium pro Kilogramm Körpergewicht in der Woche.

Kein Zweifel: Der Mensch ist ein geerdetes Lebewesen. Boden erzählt aber manchmal auch von Träumen und Hoffnungen.

Allein das Wort »Heimaterde«. Dabei schwingt Gutes mit. Bekanntes. Das Lieblingsessen aus der Kindheit. Rodeln, als es noch Schnee gab, und Sonnenbrand, als man noch nicht von Klimawandel sprach. Heimaterde klingt vertraut. Sportvereine tragen Heimaterde im Namen. Sie wird besungen, in Bayern sogar ganz offiziell in der Bayernhymne. Oder vielmehr inoffiziell, denn Franz Josef Strauß hatte die »Heimaterde« 1980 gegen »deutsche Erde« austauschen lassen.

Tom und Tommy haben 1959 eine »Handvoll Heimaterde« besungen, die sie mitnehmen wollten. Das Mitnehmen von Erde als Mittel gegen Nostalgie ist immer noch nicht aus der Mode. Im Gegensatz zu dem Lied von Tom und Tommy. Im Film *Die Vampirschwestern* streut eines der Mädchen Erde aus Transsylvanien aus, damit es in Deutschland irgendwie mehr wie zu Hause ist. Klassischerweise nimmt ein Held ein Stück Heimaterde mit, wenn er in die Fremde geht. Oder aber er muss seinen verstorbenen Vater wieder aus der Fremde heimbringen, damit er in der Heimaterde begraben werden kann.

Ein ganz anderes Gefühl von mitgebrachter Heimaterde haben die Bewohner der russischen Exklaven Barentsburg und Pyramiden auf der Inselgruppe von Spitzbergen. Sie haben zum einen für ihre Gewächshäuser Erde herangekarrt und zum anderen für Freiluftanpflanzungen in den arktischen Siedlungen. In der Erde aus Sibirien gedeiht ebenfalls importiertes Gras ganz wunderbar.

Schließlich haben Mensch und Erde noch eine weitere Beziehung. Der Golem, jene aus Lehm geformte Schreckgestalt, die im Prag des 16. Jahrhunderts umherwankte, ist dabei nur eine Variante. Zumindest in der Gestaltung freundlicher, wenn auch mitunter ebenso verhasst, sind die Gartenzwerge, jener aus Ton geformte Rasenschmuck. Und damit schließt sich auch der Kreis zu den Schöpfungsmythen.

Kapitel 8
Goldgrube im Untergrund

»Nicht jeder Schatz besteht aus Silber und Gold.«
Captain Jack Sparrow in *Fluch der Karibik*

Was ist der Boden wert, auf dem wir stehen? Jetzt, in diesem Moment. Was ist er Ihnen wert? Was der Allgemeinheit? Was Menschen mit einem besonderen Interesse? Welchen Wert hat das Stück Boden, auf dem Sie gerade stehen, wohl für die Natur?

Je nachdem, auf welche Art man sich dem Boden unter unseren Füßen nähert, kommen unterschiedliche, mitunter ganz erstaunliche Werte dabei heraus. Da ist zunächst einmal der reine Materialwert. In einem Kubikmeter Boden stecken, je nach Bodenart und Feuchte, zwischen einer und zwei Tonnen Gewicht. Üblicherweise rechnet man aber in Kubikmetern. Für einen Kubikmeter Mutterboden, der zumindest keine Steine oder Wurzeln enthält, zahlt man gut 15 Euro. Ein bereits mit Dünger und Kompost aufgepeppter Boden bringt es leicht auf 40 Euro. Wer Boden etwa bei einem Hausbau loswerden will, muss dagegen um die 15 Euro pro Kubikmeter für die Entsorgung zahlen.

Das ist überschaubar. Teurer wird es, wenn es Hinweise gibt, dass der Boden nicht ganz koscher ist. Zum Beispiel, wenn der Boden jahrelang ein Gewerbegebiet getragen hat oder sich in Sichtweite einer Fabrik befand. Schon die Untersuchung einer Probe schlägt mit 600 Euro zu Buche.

Der Boden als Fläche hat oft einen ungleich höheren Wert. Dafür braucht man nicht einmal in die Innenstädte von Stuttgart, München, Berlin oder Hamburg gucken. Im Jahr 2017 haben Landwirte im Regierungsbezirk Oberbayern für einen Hektar Boden 116463 Euro zahlen müssen. Zwischen 2007 und 2017 hat sich der Preis für Grundstücke verdoppelt. Spekulanten haben entdeckt, dass Boden ein knappes Gut ist.

Bei der Berechnung des Werts für Boden haben wir bislang nur die Wirtschaft angeschaut. Also unsere direkten und leicht nachvollziehbaren Interessen. Die Umweltökonomie beschäftigt sich mit dem Wert der Natur. Ein Gedanke dahinter ist, dass es in einer vom Geld getriebenen Welt nur möglich ist, Natur eine Bedeutung zu geben, wenn man ihr ebenfalls einen Wert beimisst. Natur und Umwelt sind knappe Güter, die wir entweder direkt oder indirekt verbrauchen. Ein Wald ist eben mehr wert als die Summe des auf ihm stockenden Holzes. Das Problem ist, dass häufig die Folgen des Verbrauchs nicht bei der Produktion eingerechnet werden. Luft, Wasser und Boden galten und gelten zum Teil immer noch als freie oder öffentliche Güter. Auf diese Weise sind Herstellungskosten niemals komplett, wenn sie außer Acht lassen, welche Folgen die Herstellung für die Natur hat. Ein Beispiel: Solange nicht die ganzen Kosten, die der Betrieb eines Autos mit sich bringt, vom Halter gezahlt werden müssen, besteht für ihn kein Anreiz, ein sparsameres Auto zu fahren oder gar zu Fuß zu gehen. Eine Kohlendioxid-Abgabe könnte ihn dazu bewegen.

Verschiedene Modelle und Ansätze versuchen der Natur sozusagen Preisschilder anzuheften. Eine entscheidende Rolle spielen dabei Ökosystemdienstleistungen, also alle Nutzen, die wir gefühlt frei Haus von der Natur bekommen. Zusammengefasst gehören dazu Versorgungsdienstleistungen. Also Wasser, Nahrung, Roh- und Brennstoffe, die wir aus der Natur beziehen. Auch dass unser Klima intakt bleibt, dass der Wasserkreislauf funktioniert, das Recycling im Boden und die Reinigung von Wasser und Luft zählen zum Service der Natur. Und schließlich lässt sich auch der Wert für unser seelisches Gleichgewicht durch eine intakte Natur in Heller und Pfennig abbilden.

Es ist erstaunlich, welche Summen da zusammenkommen. Frederic Vester hat bereits 1983 in seinem Buch *Der Wert eines Vogels* versucht, ein Blaukehlchen zu Geld zu machen. Umgerechnet auf Euro und Cent ging er von einem Materialwert von 1,5 Cent aus. Rechnet man aber den ästhetischen Genuss des Anblicks hinzu – und zwar im Gegenwert einer Valium-Tablette zu fünf Cent – und addiert schließlich noch seinen Wert als Insektenvertilger und Samenverbreiter, kommt man auf einen Wert von 154 Euro im Jahr.

1997 bewertete Robert Constanza, Professor für Nachhaltigkeit an der Universität Portland, die Leistungen der Ökosysteme mit 33000 Milliarden Dollar, nach heutigem Wert 44000 Milliarden Dollar. Die Summen sind gewaltig und lassen die Leistung aller Volkswirtschaften der Erde verblassen. Im Jahr 2008 legten Wissenschaftler im Auftrag der Europäischen Kommission und anderer Partner Zahlen über Ökosystemdienstleistungen vor. Die Ergebnisse von »The Economics of Ecosystems and Biodiversity« sind ernüchternd, vorsichtig formuliert. Jährlich kostet der Verlust an Ökosystemdienstleistung demnach 50 Milliarden Euro.

Bricht man solche Ergebnisse auf einzelne Länder und Bereiche herunter, sind sie noch bemerkenswerter: Allein in Irland erwirtschaften Bodenorganismen, indem sie den Nährstoffkreislauf in Schwung halten, rund eine Milliarde Euro.

Dabei entsteht auch in der Landwirtschaft selbst ein großer Wert. Für 2018 lag die Bruttowertschöpfung laut Bundeslandwirtschaftsministerium bei 16770 Millionen Euro.

Doch Boden hat darüber hinaus auch einen immateriellen Wert. Was bedeutet der Verlust von einem Stück Erde für die Bewohner? Jenseits eines Betrages?

TEIL III

Boden zwischen Gefahr und Heilung

Kapitel 9

Schwindende Ressource

»A nation that destroys its soils destroys itself.«

Franklin D. Roosevelt

Das Jahr 1342 scheint für uns weit weg zu sein. Das Mittelalter näherte sich allmählich seinem Ausklang, Kaiser und Päpste kamen und gingen, die einfachen Menschen lebten vor sich hin und hofften auf einen vollen Teller. Es herrschte zumindest in Mitteleuropa Frieden, und die Pest war noch eine Seuche im Orient. Doch ein Ereignis diesen Jahres hat ein Echo erzeugt, das heute noch vernehmbar ist. Es zeigt, wie empfindlich unsere Böden sind.

Einst war Germanien von Wäldern bedeckt. Tacitus hat darüber geschrieben und den Römern mit seiner Schilderung den Angstschweiß auf die Stirn getrieben. Doch damit war es im Herbst des Mittelalters lange vorbei. Seit der Varusschlacht ist Deutschlands Waldanteil immer kleiner geworden, im 14. Jahrhundert lag er zwischen 25 und 30 Prozent, in etwa so wie heute. Das heißt aber auch, dass der Wald als Wasserspeicher schon damals nicht da war, wenn man ihn gebraucht hätte.

Im Prinzip war das Land fest in Bauernhand. Was besagt, die Erde lag immer wieder nackt und bloß unter dem Himmel. Die Bauern bestellten den Boden wie eh und je. Auch 1342. Der Winter war lang und kalt gewesen, das Frühjahr feucht, zum Frühsommer hin wurde es endlich trocken.

Landwirtschaft hatte noch mehr als heute den Charakter eines Glücksspiels. Es war eine Wette auf die Arbeit eines Jahres. Ging die Saat auf? Blieb man von Pilzen, hungrigen Tieren oder Kriegen verschont? Schaffte es das Getreide bis zum Tag der Ernte?

Die Bauern des Spätmittelalters hatten dieselben Sorgen wie alle ihre Kollegen seit Anbeginn des Ackerbaus. Immer wirtschafteten sie am Limit, und jede kurze Störung konnte Hunger für sie und ihre Familien bedeuten. Obendrein hatten sie auch ihre Abgaben an den Grundherren, den Besitzer des Landes, zu leisten. Und war die Ernte schlecht, knurrte nicht nur in dem einen Jahr der Magen; es fehlte schließlich auch die Saat für die nächste Ernte. Ein schwieriges Geschäft, ganz ohne Pestizide und Kunstdünger, ohne Subventionen und Hagelversicherung.

1342 hätte es noch eine passable Ernte werden können. Die Sonne kam rechtzeitig. Doch es war auch wieder nicht richtig gut, der Regen blieb über Wochen ganz aus, das Getreide drohte zu verdorren. Möge Gott wenigstens einen kleinen Schauer bringen - dies Stoßgebet wird wohl manch Landwirt vor dem Zubettgehen gen Himmel geschickt haben.

Doch Gott schickte keinen sanften, Leben spendenden Schauer. Er schickte einen Regen, wie er wohl einzigartig in der Menschheitsgeschichte ist.

Meteorologen kennen 29 verschiedene Großwetterlagen für Mitteleuropa. Zwei von ihnen stehen in Verdacht, verantwortlich für die Ereignisse im Juli 1342 zu sein. Möglich ist etwa, dass die Großwetterlage »Tief Mitteleuropa« vorherrschte. Dabei sitzt ein Tiefdruckgebiet über Mitteleuropa und kommt nicht voran, weil ein Hoch über dem Norden Europas liegt. Alternativ könnt es auch »Trog Mitteleuropa« gewesen sein: Kalte Luft aus dem Norden Europas zieht bis ins Mittelmeer, saugt sich mit Wasser voll, zieht wieder nach Norden, um dann über Mitteleuropa die Wassermengen fallen zu lassen.

Für die Menschen in den betroffenen Landstrichen kommt dieser akademische Unterschied aufs selbe raus: Es regnete jedenfalls dauerhaft und ergiebig. 1342 lag das Zentrum des Niederschlagsgebiets im Einzugsgebiet des Mains. Am 19. Juli zog sich der Himmel zu, und es begann zu tröpfeln. Immer heftiger. Der Regen dauerte bis zum 25. Schnell sammelte er sich in Furchen, Rinnsalen, Bächen, wurde zur Flutwelle, die Brücken und Häuser mit sich riss.

Weil sie sich um den Feiertag Maria Magdalena am 22. Juli herum ereignete, sprechen die Menschen noch heute von der Magdalenenflut. Sie gilt als Jahrtausendflut. Selbst »Jahrtausendflut« ist wahrscheinlich noch untertrieben; Hochwasser kriegen je nach ihrer Eintrittshäufigkeit, ihrer Wassermenge und der Gefahr, die von ihnen ausgeht, eine Klasse zugeordnet: Ein HQhäufig ist ein Hochwasser, mit dem alle fünf bis 20 Jahre gerechnet wird. Ein HQextrem ist ungewöhnlich und damit seltener. Ein HQ100 tritt nur alle 100 Jahre auf, zumindest statistisch gesehen. Das Oderhochwasser von 1997 war beispielsweise ein HQ100. Das Magdalenenhochwasser von 1342 aber gilt als HQ10 000, also als ein Hochwasser, das nur alle 10 000 Jahre auftritt.

Niemand weiß, wie viele Menschen dabei gestorben sind, wie viele Häuser und Stadtmauern wiederaufgebaut werden mussten. Chronisten haben notiert, wo überall das Wasser stand, und noch heute künden Flutmarken an Häusern von der unglaublichen Wassermenge. In der Chronik Würzburgs heißt es: »Am Maria Magdalenatag und am folgenden Tag fiel ein außerordentlicher Wolkenbruch, welcher den Mainstrom so sehr anschwellte, daß der selbe allenthalben weit aus seinem Bette trat, Äcker und Weingärten zerstörte und viele Häuser samt Bewohner fortriß. Auch die Brücke in Würzburg sowie die Brücken anderer Mainstädte wurden durch die Wuth des Gewässers zertrümmert. In der Stadt Würzburg trat der Strom bis an die erste steinerne Säule an den Domgreden.«

Das ist aber nicht das einzige Erbe der Magdalenenflut. Denn der Regen hat mit seiner Gewalt Erde bewegt. Er hat Felder mit Schlamm und Geröll bedeckt. Ganze Felder weggespült. Es entstanden Rinnen, in denen der Schlamm zu Tal raste, mitunter zehn Meter tief ausgespült. Noch heute gibt es Zeichen der Magdalenenflut im Gelände.

Nach Hochrechnungen hat das Wasser allein in diesen paar Tagen 13 Milliarden Tonnen Boden mit sich gerissen. Zum Vergleich: Man schätzt, dass sich der derzeitige Verlust an fruchtbaren Böden auf bis zu 24 Milliarden Tonnen pro Jahr beläuft. Allerdings weltweit.

Der Verlust in diesem Sommer 1342 hatte dramatische Auswirkungen. Denn mit einem Schlag war fruchtbares Ackerland auf Jahrtausende vernichtet, Gewerbe an den Flüssen gab es nicht mehr und auch keine Mühlen, die überhaupt hätten Korn mahlen können.

»Von 1313 bis 1348 wurden in Deutschland zusammen 34 Mrd. t Boden erodiert – etwa die Hälfte des gesamten mittelalterlich-neuzeitlichen Bodenabtrags. Die ackerbaulich genutzten, von Bodenerosion betroffenen Flächen Deutschlands wurden von 1310 bis 1350 im Mittel um etwa 25 cm tiefer gelegt«, schreibt der Ökosystem-Forscher Hans-Rudolf Bork über die apokalyptischen Verhältnisse.

Natürlich kann man darin ein Strafgericht Gottes sehen – und so haben es die Menschen im Mittelalter auch aufgefasst. Aber die Erosion von Boden ist eben nicht nur einer einmaligen, außergewöhnlichen Katastrophe geschuldet. In der Regel ist sie ein schleichender Prozess, an dessen Ende vom einstigen Garten Eden nur mehr Wüste übrig ist.

Der Sündenfall am Mutterboden ist dabei natürlich keine Geschichte der Neuzeit. Erosion gehört prinzipiell zum natürlichen Werden und Vergehen auf der Erde. Prinzipiell ist sie ein Segen. Das Wort »Erosion« stammt aus dem Lateinischen. *Erodere* bedeutet »abnagen«. Von Gebirgen nagen Zeit, Physik und Chemie Felsen und Gesteine ab, zermahlen sie und schaffen so erst die Grundlage für den Boden und damit das Leben auf der Erde. Nur durch Erosion gelangen Nährstoffe ins System.

»Bodenerosion« in unserem Sprachgebrauch hingegen klebt bereits das Etikett des Scheiterns an. Bei diesen Prozessen ist der Mensch in irgendeiner Weise schuld, dass der wertvolle Mix aus mineralischer und organischer Substanz, das Substrat des Lebendigen, kurz: der Boden, verloren geht.

Zunächst denkt man dabei an Wasser und Wind. Diese beiden Urkräfte sind in der Lage, Gesteine kleinzukriegen und erst recht Boden hinwegzuwaschen und fortzuwehen. Die Mengen, die dadurch verloren gehen, sind gewaltig.

Wasser greift Boden in zwei Phasen an. Wenn ein Regentropfen vom Himmel auf einen blanken, das heißt einen vegetationsfreien Boden fällt, hat er Wucht. Er ist wie ein kleines Geschoss; regnet es beispielsweise fünf Millimeter pro Stunde, das entspricht einem leichten Nieselregen, entstehen 100 Joule pro Quadratmeter und Stunde. Bei 50 Millimetern pro Stunde sind es 1450 Joule pro Quadratmeter. Das mag sich nach nicht viel anhören, aber es läppert sich.

Die Aufprallenergie des Regens reicht immerhin aus, um Bodenpartikel 1,5 bis 2 Meter weit zu schleudern. Feinste Bestandteile gelangen mit dem ersten Wasser aus dem Tropfen auf die Oberfläche und versickern zwischen größeren Partikeln. Aber nur kurz und nicht tief, denn rasch ist die oberste Bodenschicht gesättigt, ein feiner Film aus Schlamm bildet sich. Weiterer Regen kann in der Folge nicht schnell genug in den Boden. Und wenn der Boden auch noch auf einem Hang liegt, fließt dieser Mix aus Wasser und feinen Partikeln hangabwärts.

Wie schnell und wie zerstörerisch der Bodenabtrag vor sich geht, hängt von vielen Faktoren ab. Der Pflanzenbewuchs, sofern überhaupt vorhanden, ist entscheidend. Dann natürlich spielen die Hangneigung und die Beschaffenheit des Bodens selbst eine Rolle. Die Intensität des Regens tut ihr Übriges.

Die Bodenerosion begann quasi mit den ersten Ackerbauern. Nicht in dem Maße wie heute, dafür waren einfach zu wenige Menschen unterwegs. Dennoch ist ihr Tun auch heute noch nachweisbar. Denn abgeschwemmter Boden löst sich ja nicht in Luft auf, sondern kommt irgendwo wieder zum Liegen. Vorzugsweise am Fuß eines Hanges oder im Schwemmland eines Flusses. Dort kann man die Ablagerungen heute noch nachweisen. Dabei zeigt sich, dass bereits die Protobauern der Steinzeit in Mitteleuropa ihre Finger im Spiel hatten. Dass Lössböden fruchtbarer als andere sind, erkannten schon sie.

In den Alpen finden sich früheste Beispiele für Erosion, die von Menschen verursacht wurde, die älter sind als 6000 Jahre. Das heißt, zu einer Zeit, als der berühmte Gletschermann Ötzi in den Bergen den Tod gefunden hatte, war es schon rund 1000 Jahre her, dass Umwelt durch Menschen nicht nur genutzt, sondern zerstört wurde.

Ein besonders augenfälliges Beispiel für Schindluder, den wir schon früh mit Boden getrieben haben, ist der Mittelmeerraum. Bevor antike Helden in den Ring gestiegen sind und Griechenland und später das Römische Reich ihre Blüte erreichten, sah die Gegend so ganz anders aus als heute: Die Berge Attikas waren dicht bewaldet. Stein-, Zerr-, Flaum- und Korkeichen bildeten riesige Haine. Der Boden Griechenlands ist fruchtbar und hatte Jahrtausende Zeit, sich ungestört zu bilden. Wer heute nach Griechenland fährt, freut sich an den Farben; blaues Meer, Felsen, vereinzelte Pinien in sattem Grün, und wer auch mal einen Blick nach unten wagt, sieht bunte Blumen. Aber von den Wäldern ist fast nichts mehr übrig, die Hänge sind größtenteils kahl, der blanke Fels gleißt in der Sonne. Das Paradies sieht anders aus.

Was war geschehen? Kurz gesagt und vereinfacht: Weil die

Griechen so gerne zur See fuhren, verschwand die Erde. Die meisten Gegenstände des täglichen Bedarfs hatten etwas mit Holz zu tun. Holz war der Universalrohstoff. Natürlich auch für die Schiffe. Allein während der Perserkriege im fünften vorchristlichen Jahrhundert bestellte Athen eine Flotte von 200 Schiffen. Schiffe, die nicht nur im Kampf verloren gegangen sind, sondern regelmäßig ersetzt werden mussten.

Und nicht nur die Griechen brauchten Schiffe. Perser, Assyrer, Ägypter... alle wollten Schiffe, natürlich aus Holz. So verschwanden die Wälder des Peleponnes, des Libanon, schließlich auch Thessaliens und Makedoniens. Dort, wo die Wälder gerodet waren, war der Boden leichte Beute von Wind und Wasser.

Auch die Landwirtschaft tat ihr Übriges: Üblich war eine Zweifelderwirtschaft; hin und wieder brachten die Bauern Mist aus. Allerdings hielt sich das in Grenzen, denn die meisten Tiere hielt man im Freien. Schafe und Ziegen fraßen an den Berghängen und ruinierten oft den Rest der Vegetation. Immer wieder kam es zu Hangrutschungen.

Auch wenn die Herrschenden damals nicht nachhaltiger geplant haben als moderne Politiker, ist die Fehlentwicklung doch bereits vor mehr als 2000 Jahren beklagt worden. »So sind nun, verglichen mit dem damaligen Land, gleichsam nur noch die Knochen zurückgeblieben, da der fette Boden fortgeschwemmt wurde und nur das magere Gerippe des Landes zurückließ«, schreibt der griechische Philosoph Platon in seinem Buch *Kritias*.

Die Griechen waren nicht sehr umsichtig mit ihren Böden. Und die Römer? Sie sahen sich als Volk von Bauern. Erdverwachsen, bodenständig. Ihr Reichtum und sicher auch ihr Interesse an anderen Teilen der Welt fußten auf einer intakten und erfolgreichen Landwirtschaft.

Ihre *cultura promiscua* hat sehr viel von modernen Agroforstsystemen. Dabei wachsen Oliven, Weintrauben und Getreide auf derselben Fläche. Der Vorteil liegt auf der Hand: Der Boden ist dauernd geschützt, Wasser und Wind können ihm kaum etwas. Zudem achteten die römischen Bauern darauf, regelmäßig zu düngen. Sie taten das mit Kompost, Mist und mit Asche. Zusammen mit dem Anbau von Hülsenfrüchten sicherten sie so die Fruchtbarkeit ihrer Äcker.

Doch trotz besseren Wissens gab es auch in Rom Frevel im Landbau. Einer der noch heute bekannten landwirtschaftlichen Autoren jener Zeit, Lucius Iunius Moderatus Columella, schrieb bereits im ersten Jahrhundert nach Christus im ersten seiner zwölf Bücher über Landwirtschaft, dass seine Zeitgenossen und nicht die Natur schuld sind, wenn der Teller leer bleibt: »Oft höre ich, wie die Ersten unserer Bürger bald über die Unfruchtbarkeit der Äcker klagen, bald über die Ungunst des Wetters, die schon lange den Früchten schade; manche höre ich auch, die diese Klagen sozusagen durch eine bestimmte Begründung abschwächen, weil sie meinen, durch allzu große Ergiebigkeit in der Vergangenheit sei der Boden völlig erschöpft und ausgemergelt und könne daher nicht in der früheren Fülle den Menschen Nahrung bieten. Diese Gründe ... sind, wie ich überzeugt bin, von der Wahrheit weit entfernt. ... Demnach glaube ich, dass wir nicht infolge der Gewalt der Witterung unter jener Unfruchtbarkeit leiden, sondern dass wir selber daran schuld sind, die wir die Landwirtschaft dem allerschlechtesten Sklaven wie einem Henker zur Bestrafung auszuliefern pflegen, während doch von unseren Vorfahren stets gerade die besten sich nach ihrem besten Vermögen ihr gewidmet haben.«

Doch das wachsende Reich musste ernährt werden. Die Vernunft trat zurück. Eine Folge mangelnden Bodenschutzes war zum Beispiel die Malaria. Richtig gehört. Weil die Hügel um Rom nicht sachgemäß bearbeitet wurden, schwemmte der Regen Erde in den Tiber. Die Pontinischen Sümpfe entstanden, in denen die Malariamücken leben konnten. Während in dieser

Ebene zuvor sehr erfolgreich Landwirtschaft betrieben wurde, machte die Malaria die Gegend bis ins 20. Jahrhundert nahezu unbewohnbar.

Auch die findigen Römer konnten eben den Verfall ihrer Landwirtschaft nicht langfristig aufhalten. Erosion durch falsches Pflügen und Raubbau an Wäldern reduzierte langfristig die nutzbare Fläche. In der Folge wurden aus Roms ehemaligen Kornkammern Wüsteneien. Heute kann man sich kaum vorstellen, dass Nordafrika einst das Imperium ernährte. Das Römische Reich und mit ihm das Wissen um die Landwirtschaft gingen unter.

In Mitteleuropa war man natürlich auch nicht untätig. Das Ende des Mittelalters und die frühe Neuzeit gingen einher mit Rodungen und Urbarmachung. Wieder die einfache Gleichung: Wald weg – Boden weg.

Im 14. Jahrhundert begann die sogenannte kleine Eiszeit; strenge Winter und viele feucht-kalte Sommer brachten viele Hungerzeiten mit sich. Starkregen wie der von 1342 schwemmte immer wieder Ackerkrume davon. Schätzungen zufolge verschwanden im 14. Jahrhundert von den Äckern mindestens die obersten zehn Zentimeter. Zum Vergleich: Das entspricht den heutigen jährlichen Bodenverlusten auf 500 Jahre summiert.

Der Wald verschwand immer weiter. Und mit ihm viel Boden. Die Lüneburger Heide war einst bedeckt von Bäumen. Doch das Holz wurde gebraucht. Übrig blieben Wüsteneien. Sand, auf dem fast nichts wuchs. Die Stadt Lüneburg wurde im 19. Jahrhundert durch Wanderdünen bedroht.

Auch die Kartoffel trug ihren Teil bei. Weil sie anspruchslos ist, pflanzten Bauern sie sogar auf Höhenzügen, die zuvor für die Landwirtschaft uninteressant waren. Damit gaben sie weitere Böden der Erosion preis.

Natürlich ist Europa nicht allein mit dem Problem der Bodenerosion durch Wasser. Es gilt, dass die am wenigsten entwickelten Länder die höchsten Verluste an Boden haben. Das trifft vor allem für das Afrika südlich der Sahara, Südamerika und Südostasien zu. Laut Weltagrarbericht gehen mehr als 24 Milliarden Tonnen jedes Jahr durch Erosion verloren. Das sind mehr als drei Tonnen pro Erdbewohner. 970 Millionen Tonnen fruchtbarer Erde verliert allein die Europäische Union jedes Jahr. Die Menge reicht aus, die Stadt Berlin um einen Meter höherzulegen.

Unter Leitung der Universität Basel hat ein Team von Forschern ein Modell entwickelt, um gerade die Bodenerosion durch Wasser darzustellen. Das Besondere an dem Modell ist, dass es ermöglicht abzuschätzen, wie viel Boden durch Wasser verloren geht, je nach Landnutzung. Es zeigt aber auch, welchen Effekt bereits einfache Maßnahmen haben können, den Boden zu schützen.

Neben dem Wasser ist auch der Wind eine stetige Gefahr für den Boden. Mitunter wird aus der Gefahr für den Boden sogar schnell eine tödliche Gefahr für den Menschen. Am 8. April 2011 wehte ein kräftiger Wind an der Ostsee. Es war ein schöner Tag. Die Felder waren gepflügt, sie waren eingesät und warteten nur auf das neue Grün. Und es war trocken. So trocken, dass Windböen die feine Ackerkrume emporrissen und als Dunst über die nahe A19 schickten. Die Autofahrer auf der Ostseeautobahn bei Rostock traf der Staub aus heiterem Himmel. 82 Autos und Lkws fuhren ineinander, acht Menschen fanden den Tod.

Die Erde konnte deswegen zur Gefahr werden, weil Felder gerade in Ostdeutschland sehr groß sein können. 1000 Meter Kantenlänge für ein Feld sind so ungewöhnlich nicht. Wenn dann auch noch Hecken fehlen, die dem Wind etwas von seiner Kraft nehmen könnten, ist der Verlust an wertvollem Ackerboden vorprogrammiert.

Legendär sind die Staubstürme in den USA der 1930er Jahre. Auch hier war der Grund hausgemacht. In den großen Ebenen des Mittleren Westens Amerikas liegen mächtige Auflagen von Lössboden, die vom Wind während der Eiszeit hier abgelagert wurden. Der Löss war bedeckt von der Prärie. Das kurze Gras schützte den Boden, indem es tief wurzelte. So konnte es selbst Dürren überstehen. Weizen kann das nicht.

Die Siedler, die seit 1860 die fruchtbaren Ebenen für sich und ihr Getreide entdeckten, brachen den Boden auf. Eigentlich wusste man, dass es hier zu trocken war. Und dass sich die Landschaft allenfalls für eine extensive Rinderhaltung eignete. Doch mit neuen Einwanderern, dem Ende des Bürgerkriegs und einigen Jahren mit überdurchschnittlich viel Regen verschwand die Vernunft. Man verstieg sich sogar zu der Hoffnung »the rain follows the plough«, dass der Regen dem Pflug folge und dort runterkäme, wo er gebraucht würde. Ein Irrtum. Die Farmer des Mittleren Westens pflügten die Prärie und nahmen dem Boden seinen natürlichen Schutz.

Das verstärkte sich noch, weil die Preise im Zuge des Ersten Weltkriegs und der Revolution in Russland anstiegen. Zudem machte die Mechanisierung in den 1930ern ein bis zu 50 Zentimeter tiefes Pflügen möglich. Immer mehr Grasland verwandelte sich in Ackerland. Als es dann Anfang der 1930er Jahre zu einer Trockenperiode zwischen Nebraska im Norden, Texas im Süden, Colorado im Westen und Kansas im Osten kam, wehte der Wind die feinen Partikel des Bodens fort. Staubstürme zogen über das Land. *Dust Bowl*, »Staubschüssel«, nannte man diese Ecke Amerikas damals.

Das Ergebnis war dramatisch: Rund 400 000 Quadratkilometer Ackerland wurden zur Wüste, schätzungsweise drei Millionen Menschen verloren ihre Heimat und setzten sich vor allem Richtung Kalifornien ab.[22]

Das Phänomen war und ist natürlich nicht auf den Mittleren Westen beschränkt gewesen. Staubstürme kennt man auch in Australien, in China und sogar in Deutschland. Nach dem

Zweiten Weltkrieg wurden hier nicht nur viele Bäume gefällt, es verschwanden auch Hecken im großen Stil. Infolgedessen hatte der Wind leichtes Spiel. Und hat es noch, wie das Beispiel bei Rostock zeigt. Dem Rat, einfach wieder Hecken zu pflanzen, kommen Landwirte indes kaum nach. Und so musste Mecklenburg-Vorpommerns Agrarminister Till Backhaus auch 2019 wieder vor Staubstürmen warnen, als wären wir in der Sahara.

Die Erosion, der Bodenverlust, ist zwar eine stetige Gefahr, aber natürlich nicht die einzige. Böden sind fragil. Man kann sie auf vielerlei Weise zerstören.

Es erscheint widersinnig, aber Wasser ist nicht nur eine große Gefahr, weil es Boden wegschwemmt. Bewässerung kann dazu führen, dass sich ein prinzipiell fruchtbares Stück Land in ein Stück Wüste verwandelt. Das betrifft vor allem die Trockengebiete der Erde. Der Effekt, der dahintersteckt, ist schnell erklärt: Wasser löst Salze im Boden. Bleibt das Wasser aber auf dem Boden und verdunstet, statt zu versickern, setzt sich eine Schicht aus Salzen an der Oberfläche ab. Das kann zum Beispiel Natriumchlorid sein, also Kochsalz, oder Natriumhydrogenkarbonat oder sogar Kalziumsulfat, landläufig als Gips bekannt.

Das Phänomen verstärkt sich überall dort, wo die Wassermenge nicht ausreicht, die Salze wegzuspülen. Mitunter steigt durch die Bewässerung sogar der Grundwasserspiegel, und in diesem Fall wandert Wasser durch die feinen Kapillaren des Bodens an die Oberfläche. Und hat weitere gelöste Salze im Gepäck.

Auch hier gibt es ein historisches Beispiel. In den Flusstälern von Euphrat und Tigris im Alten Mesopotamien betrieben die Menschen sehr erfolgreich Ackerbau. Eine Zivilisation erwuchs dank der Landwirtschaft. Die Bauern des Zweistromlandes schafften das, weil sie das Wasser der Flüsse auf ihre Felder umleiteten. Der Weizen gedieh prächtig.

Doch im Lauf der Zeit stellte sich der oben beschriebene Effekt ein; mit dem Wasser sammelten sich Salze im Oberboden. Feld um Feld verlor seine Fruchtbarkeit. Es ist nicht so, dass die Menschen das Problem nicht erkannten. Im Vorderasiatischen Museum in Berlin liegt eine Keilschrifttafel aus dem Jahr 2350 vor Christus. Der sumerische Text erklärt das Problem und wie man dem entgegentreten kann. Vielleicht hat ihn niemand gelesen.

Gerste ersetzte zunehmend den Weizen, da dieses Getreide höhere Salzkonzentrationen verträgt. Das ging so weit, dass die Bauern bereits 2000 vor Christus keinen Weizen mehr in Mesopotamien anbauten. Um 1800 vor Christus waren die Erträge vergangener Jahrhunderte um mehr als 60 Prozent zurückgegangen. Und gut 1000 Jahre später brach die einst blühende Landwirtschaft ganz zusammen. Noch heute kämpfen Landwirte im Zweistromland mit den Spätfolgen einer Bewirtschaftung, die Jahrtausende zurückliegt.

Ein Fünftel aller landwirtschaftlichen Nutzflächen weltweit und die Hälfte aller bewässerten Flächen ist davon betroffen. Eine dramatische Entwicklung, denn Bewässerung ist in vielen Gegenden das einzige Mittel, um überhaupt etwas zu ernten. Wenn dabei Fehler gemacht werden, vor allem eine Wasserzufuhr ohne eine Wasserableitung, kommt es zur Versalzung. Dem Boden bekommt das nicht. Bodenorganismen verschwinden, die Struktur verdichtet sich. Pflanzen können nicht mehr so gut wurzeln. Überhaupt haben die meisten Arten ein Problem mit hohen Konzentrationen an Salzen.

Immer wieder fällt auf, wo die meisten Ursachen für den Verlust von Boden liegen. Landwirtschaft ist abhängig vom Boden und trotzdem auch die größte Gefahr für ihn. Sinnbild dessen und fast schon ein Synonym für Erosion ist der Pflug. Nach dem Beherrschen des Feuers ist das Aufreißen der Erdoberfläche das zweite große Ding, das die Menschen in den Stand gesetzt hat, das Antlitz des Planeten dauerhaft zu verändern. Pflügen bedeutet, den Boden zu lockern und das Unten nach oben zu bringen – für den Ackerbauern das erste Mittel, der Natur ein Schnippchen zu schlagen. Denn durch Pflügen lockert sich nicht nur der Boden. Die innere Struktur ist hinterher größer, es kann mehr Sauerstoff in den Boden. Dadurch vermögen Bakterien und Pilze tote Pflanzenteile, Stängel, Blätter, Wurzeln schneller zu recyceln.

Zudem macht ein Pflug Tabula rasa; Konkurrenten der späteren Feldfrucht schaltet er aus. Andere Gräser oder Kräuter, die es sich auf dem Feld gemütlich gemacht haben, reißt er aus und begräbt sie. Gänge von Mäusen, Hamstern oder Maulwürfen bringt er zum Einsturz und tötet diese Unruhestifter im Feld.

Und das alles, damit Weizen, Gerste, Mais, Kartoffel oder Zuckerrübe ein prächtiges Saatbett bekommen.

Keine Frage, im Vergleich zum Rad hat der Pflug nachhaltigere Spuren hinterlassen. Auch wenn im Dreck wühlen nicht so sexy erscheint, wie über die Welt hinwegzurollen. Erst der Pflug hat die Zivilisation möglich gemacht, weil dadurch Überschüsse von den Feldern kamen. Und erst Überschüsse erlaubten eine Arbeitsteilung, das Entstehen von Handwerk, Kultur und Wissenschaft. Der Pflug ist die Antwort auf sinkende Erträge. Denn schon in der Steinzeit lieferten Böden nach Jahren des Ackerbaus weniger Korn. Die Menschen behalfen sich, indem sie Holz heranschafften und es auf den Feldern verbrannten. Mit der Asche gelangten neue Nährstoffe in den Boden.

An der Schwelle zur Bronzezeit setzte sich das Wenden des Bodens durch. Aus einfachen Haken, die den Boden allerdings mehr aufschlitzten als wendeten, wurde eine Wissenschaft aus Winkeln und Eindringtiefen. Moderne Pflüge mischen den Boden mit bis zu zwölf Scharen auf. Der angeblich gewaltigste Pflug schafft es sogar in bis zu zwei Meter Tiefe.

Doch Pflügen steht in der Kritik, ein reiner Tisch birgt Risiken. Wasser und Wind haben leichtes Spiel, solange die Nutzpflanzen nicht für einen Schutz des Bodens aus zweiter Hand gesorgt haben. Besonders schwierig ist das bei Kulturen, die die Erde lange nackt und bloß lassen. Mais zum Beispiel steht wie kaum eine andere Pflanze für Bodenerosion, weil er erst im späten Frühjahr so weit gewachsen ist, dass er den Boden beschirmt. Obendrein besteht die Gefahr, dass eine sogenannte Pflugsohle entsteht. Das ist eine verdichtete Schicht Erde unterhalb des vom Pflug gewendeten Bodens. Nicht nur Pflanzen tun sich schwer, durch diese Schicht hindurchzuwachsen. Gerade nach heftigem Regen staut sich das Wasser wie in einer Badewanne ohne Abfluss. Und schließlich ist es für Lebewesen im Boden oft ein einschneidendes Erlebnis, wenn die Pflugschar ihren Alltag umbricht; schätzungsweise ein Viertel der Regenwürmer sterben bei der brachialen Aktion.

Heute gilt exzessives Pflügen vor allem in den südlichen Ländern als Hauptursache für den Verlust. Die Welternährungsorganisation der Vereinten Nationen (Food and Agriculture Organization, FAO) rät dringend davon ab, in Gebieten, die von extremem Wetter bedroht sind, überhaupt zu pflügen.

Neben der Erosion und der Versalzung ist es die Düngung, die dem Boden als Ökosystem zusetzt. Zunächst einmal scheint Dünger unschuldig, sogar ein Segen zu sein. Wenn einem Boden durch die Ernte von Pflanzen Nährstoffe verloren gehen, müssen sie ersetzt werden. Diese Erkenntnis und erst recht die Wissenschaft dahinter erlauben überhaupt erst die Ernährung einer stetig wachsenden Menschheit.

Pflanzen brauchen natürlich unterschiedliche Mengen an Nährstoffen: Bei den sogenannten Makronährstoffen Stickstoff, Kalium oder Phosphor sind das zwischen 20 bis 350 Kilogramm pro Hektar. Mikronährstoffe wie Kupfer, Eisen oder Bor brauchen die Pflanzen nur in Mengen zwischen fünf und 1000 Gramm pro Hektar. Fünf Gramm. Das ist gerade mal ein Teelöffel auf 10 000 Quadratmeter.

Doch auch hier macht die Dosis das Gift. Denn oft wird zu viel und falsch gedüngt. Industrielle Dünger enthalten zudem neben den erwünschten Spurennährstoffen wie Kupfer, Zink und Eisen auch unerwünschte: Blei, Cadmium, Quecksilber, Uran und Arsen etwa. Diese Elemente können sich im Boden oder in den Pflanzen anreichern oder ins Grundwasser gespült werden. Vor allem Dünger aus sedimentären Rohphosphaten enthalten hohe Anteile an Uran und Cadmium. Auf diese Weise landen laut Bundesforschungsanstalt für Landwirtschaft 15,5 Gramm Uran pro Hektar und Jahr auf den Feldern. Bundesweit sind das rund 100 Tonnen.

Aber auch Dünger auf einer organischen Basis sind nicht unbedingt immer besser. In Deutschland ist das Verhältnis von Tieren zu Ackerland aus dem Gleichgewicht geraten. Schweine, Hühner und Rinder produzieren Kot, und der muss irgendwohin. 300 Milliarden Liter sind das jedes Jahr. Das ist die 33-fache Menge an Bier, die deutsche Brauereien herstellen. Regenwürmer mögen die flüssigen Exkremente zwar prinzipiell, doch bei einer Flutung mit Gülle sind sie überfordert. Sie verätzt den Wurm regelrecht.

Die hohen Mengen an Stickstoffverbindungen tun ihr Übriges. Sie geben dem Boden quasi den Rest. Viele Jahrhunderte war Stickstoff ein echtes Mangelelement im Boden. Ohne Stickstoff fehlte den Pflanzen das Baumaterial für Aminosäuren. Doch aus dem Mangel- ist ein Überflusselement geworden. Laut Umweltbundesamt beträgt der Überschuss an Stickstoff 100 Kilogramm pro Hektar. Der Stickstoff kommt aus dem Verkehr, der Industrie und eben der Tierhaltung. Mit der Gülle kriegen Felder und Wiesen dann noch ihre Extraportion Stickstoff. Gerade in den Hochburgen der deutschen Tierproduktion, in der Region Weser-Ems, werden die Landwirte der braunen Flut kaum noch Herr.

Dadurch entsteht wenig Segensreiches. Stickstoff reagiert

im Boden. Aus dem Ammoniak, beziehungsweise den Ammoniumverbindungen, die etwa mit Gülle ausgebracht werden, bilden sich Nitrate. Wenn die Pflanzen sie nicht aufbrauchen, schwemmt sie der nächste Regen ins Grundwasser. Mittlerweile hält gut 18 Prozent des Grundwassers in Deutschland den Schwellenwert von 50 Milligramm nicht ein. Die EU-Kommission hat Deutschland schon vor Jahren aufgefordert, endlich etwas dagegen zu tun. Passiert ist wenig.

Unter bestimmten Bedingungen bildet sich eine andere Stickstoffverbindung – Lachgas. Das ist allerdings weniger zum Lachen, vielmehr ein Grund zur Sorge. Denn Lachgas ist als Treibhausgas 298-mal stärker als Kohlendioxid. 70 Prozent kommen aus der Landwirtschaft. In der Atmosphäre ist die Lachgaskonzentration seit vorindustriellen Zeiten um 20 Prozent gestiegen. Sechs Prozent ist der Anteil des Lachgases an den Treibhausgasemissionen in Deutschland.

Mit dem Ungleichgewicht der Nährstoffversorgung kommen die Probleme. Ganze Lebensgemeinschaften verlieren ihre Heimat, weil sie sich über lange Zeit auf Mangel eingestellt haben und nun von Arten verdrängt werden, die mehr Stickstoff vertragen. Bäume wurzeln flacher und sind damit anfälliger für Trockenheit und Stürme. Die Übersättigung mit dem einstigen Mangelelement ist nicht das einzige Problem gerade für den Boden. Auch mit der Gülle gelangen Schwermetalle in den Boden. Sie kommen zum Beispiel aus Zusatzstoffen im Schweinefutter. Für Mikroorganismen sind schon geringe Konzentrationen tödlich. Und wenn sie ihre Arbeit nicht mehr leisten können, leidet die Bodenfruchtbarkeit.

Ein weiterer Faktor – und hier geht es wirklich um Gift, auch wenn Pestizide, Fungizide und Herbizide von Herstellern und Anwendern euphemistisch als Pflanzenschutzmittel verbrämt werden – sind die Chemikaliencocktails auf unseren Feldern. In 80 Prozent aller Böden finden sich Rückstände von Pestiziden.

Manchmal ist es nicht ein einziges, sondern ein ganzer Mix aus Giften, der sich nachweisen lässt.

Pestizide teilt man nach ihren Zielorganismen ein, ob sie sich nun um unerwünschte Pflanzen, Pilze oder Insekten kümmern sollen. Auch Pflanzen setzen natürlicherweise Gifte ein, die Fressfeinde am Fressen hindern sollen, und Bodenpilze produzieren Antibiotika, um sich Konkurrenten vom Leib zu halten. Aber die synthetischen Gifte gegen das Lebendige sind ungleich wirkungsvoller. Selbst wenn sie in den Zulassungsverfahren als harmlos daherkommen, ist damit nichts über die Wirkung im Gemenge gesagt. Eine Kaskade kann ausgelöst werden. Wenn zum Beispiel ein Gift den Tod von Raubmilben sozusagen als Kollateralschaden in Kauf nimmt, ist ein bestimmtes Räuber-Beute-Verhältnis gestört. Durch den Wegfall der Raubmilben nimmt dann die Zahl der Spinnmilben zu. Und die wiederum schaden den Pflanzen. Pestizide sind der Ausdruck der Hilflosigkeit, denn unsere Landwirtschaft lebt von künstlichen Monokulturen, nicht von Wechselbeziehungen des Lebendigen.

Seit einigen Jahren rückt eine weitere Bedrohung für die Böden, ihre Lebensgemeinschaften und letztlich auch für uns ins Blickfeld der Forscher. Das Problem ist offensichtlich, wenn man einfach auf dem Sonntagsspaziergang oder einer Zugfahrt mal die Augen offen hält. Selbst in Deutschland, wo an gefühlt jeder Ecke ein Mülleimer zum Sammeln einlädt, findet sich Müll überall in der Landschaft. Da eine Kaugummiverpackung, dort eine Tüte, ein Kamm, ein Schuh, was auch immer. Kein Problem, das bisschen Dreck. Könnte man meinen. Doch der Müll, das Plastik, das einem ins Auge fällt, sie sind nicht einmal ein Bruchteil dessen, der sich bereits in der Umwelt befindet.

Eindringlich sind die Bilder von Schildkröten, die im Meer an Plastiktüten ersticken, weil sie die halb durchsichtigen wabernden Gebilde für Quallen in der Strömung hielten. Erschreckend sind die Meldungen der Müllstrudel, der Teppiche aus Zivilisationsresten, die von Strömungen zu gewaltigen Gebieten zusammengeschoben wurden. Aber es ist kein Schicht, die schön an der Oberfläche treibt, sondern vielmehr ein Eintopf aus verschiedensten Kunststoffen und Größen, der in nahezu allen Schichten des Ozeans verteilt ist. Bis hinunter in die Tiefsee. Nach Angaben des Umweltprogramms der Vereinten Nationen (UNEP) treiben auf jedem Quadratkilometer Meeresoberfläche bis zu 18 000 Plastikteile jedweder Größe. Zehn Millionen Tonnen kommen jedes Jahr hinzu. In wenigen Jahren wird mehr Plastik im Meer schwimmen als Fische. Dabei machen gerade die kleinsten Teile Sorgen. Mikroplastik, also Teilchen, die kleiner als fünf Millimeter sind, absorbieren Schadstoffe, werden gefressen, machen Fische krank und landen wieder auf unserem Teller.

Beeindruckend, was wir da alles im Meer abladen. Doch an Land ist es noch viel schlimmer. Das Institut für europäische Umweltpolitik (IEEP) schätzt die Mikroplastik-Belastung an Land auf bis zu 32-mal höher als in den Ozeanen. Es ist ein Mix aus verschiedenen Quellen. Reifenabrieb beispielsweise. Oder Teile von Kunststoffen aus der Landwirtschaft. Achtlos weggeworfener Müll.

Der Löwenanteil kommt allerdings mit Abfall in die Landschaft, der eigentlich entsorgt wurde. Da ist zum einen Kompost. Denn Müll zu trennen ist immer noch eine Geheimwissenschaft für viele Menschen. Durch Ignoranz und Faulheit landen Verpackungen gleich mit in der Biotonne.

Auch der Einzelhandel hat einen Anteil daran. Verdorbene oder abgelaufene Ware wie Brot oder Obst landen gleich mit ihrer Verpackung in der Kompostanlage. Niemand sortiert das Plastik heraus. Es wird zusammen mit dem organischen Müll zerkleinert und kompostiert.

Und es gibt noch eine Quelle, aus der Plastik in die Landschaft und damit die Böden gerät. In vielen Kosmetikprodukten und Haushaltsreinigern ist mittlerweile Mikroplastik enthalten. Mit dem Abwasser gelangt es in die Kläranlagen. Dort treffen die Teilchen auf den anderen, größeren Plastikmüll, der irgendwie in die Toilette oder den Abfluss geraten ist: Windeln, Kondome oder gar Zahnbürsten.

Ist das Zeug erst einmal in der Umwelt, ist es aufwendig bis unmöglich, es wieder herauszufieseln. Natürlich zerfällt auch noch die hartnäckigste Folie irgendwann, das heißt in Jahrhunderten. Aber bis es so weit ist, haben Plastikpartikel das Potenzial, das System Boden zu stören.[23]

Als wären Chemikalien und Erosion nicht schon gravierend genug, setzt natürlich auch der Klimawandel dem Boden zu. Der Boden ist eben kein abgeschlossenes System, sondern interagiert mit der Atmosphäre. Chemische Prozesse im Boden verändern die Zusammensetzung der Luft. Veränderungen im Klima beeinflussen chemische Prozesse im Boden. Mitunter verstärken sich die Prozesse gegenseitig.

Erhöht sich die Temperatur der Atmosphäre im Zuge des Klimawandels, erhöht sich auch die Geschwindigkeit, mit der organische Bestandteile des Bodens umgesetzt werden. Der Boden verliert einen Teil seiner Fähigkeit, Kohlendioxid zu binden. Es entweicht und heizt damit den Treibhauseffekt an. Besonders deutlich ist das in den Gebieten, in denen der Permafrost auftaut. Hier wird zudem Methan frei, eine Kohlenstoffverbindung, die noch stärker als Kohlendioxid wirkt.

Schlussendlich fehlt in dem Totentanz nur noch unser Platzbedarf. Auch ohne dass uns Boden durch die Finger rieselt, verlieren wir ihn. Tag für Tag verschwindet ein Stück der Erde unter Straßen, Häusern, Fabriken, Parkplätzen, Kraftwerken und allerlei mehr. Allein in Deutschland geht pro Tag eine Fläche von 100 Fußballfeldern verloren. Damit verschwindet nicht nur eine dynamische Oberfläche, sondern eben auch ein Lebensraum.

Wenn wir nicht aufpassen, schaffen wir eine Erde, wie sie am zweiten Tag der Schöpfung aussah. In der Genesis heißt es schließlich, dass die Welt vor dem Zutun Gottes wüst und leer war. Nun, wir sind auf dem besten Wege, die Welt wieder dahin zu wirtschaften. Die sogenannte Bodendegeneration meint den Verlust der Fähigkeit eines Bodens, Leben zu spenden. Natürlich kann es auch natürliche Prozesse geben, die aus einem fruchtbaren Boden ein ungastliches Fleckchen machen. Doch im Moment treten die natürlichen Effekte weit hinter dem zurück, was der Mensch so treibt.

Das Problem ist nicht, dass sich Boden nicht mehr erholen oder sogar neu bilden kann. Sondern dass wir nichts mehr davon haben; die Prozesse brauchen sehr viel Zeit, viel länger, als unsere Geduld reicht, und noch viel länger, als dass unsere Bedürfnisse auch in Zukunft gedeckt werden könnten. Keine Frage: Boden ist eine endliche Ressource. Längst macht der Begriff von Peak Soil die Runde. In Anlehnung an den Peak Oil, also den Zeitpunkt, an dem weniger Boden urbar gemacht werden kann, als verloren geht. Seit 1860 sind rund 800 000 Millionen Hektar Land unter den Pflug genommen worden. Seit den 1980er Jahren ist der Trend umgekehrt: Es geht mehr Land für den Ackerbau verloren, als neuer hinzukommt.

Die Gefahr, die aus dem Verlust des Bodens entsteht, ist wie die durch den Klimawandel noch nicht in den Köpfen angekommen. Zu weit weg, zu komplex, zu wenig greifbar. Mahnendes Beispiel sind jedoch die Mayas in Mittelamerika. Bodenerosion, Verlust der Fruchtbarkeit des Bodens und schließlich eine einsetzende Dauertrockenheit haben der mittelamerikanischen Kultur den Garaus gemacht.

Unser Umgang mit Boden ist längst ein globales Problem. Ein kostspieliges. Nach einer Studie der Initiative The Economics of Land Degradation sind das 6,3 bis 10,6 Billionen US-Dollar im Jahr. Oder zehn bis 17 Prozent der Weltwirtschaftsleistung.

Die Kosten stecken im Verlust an Ökosystemdienstleistungen, das heißt weniger Lebensmittelproduktion, weniger Wasser oder weniger Klimaschutz. Nichtstun ist kurzsichtig.

Und das Problem wächst. Heute leben knapp 7,7 Milliarden Menschen auf der Erde. 2050 sollen es schon annähernd zehn Milliarden sein. Es mutet wie die Quadratur des Kreises an, wie mehr Menschen ernährt werden können, wenn die Grenzen dessen erreicht sind, was man aus der Erde noch herausholen kann.

Sieht man sich einmal die Karte der weltweiten Bodendegeneration an, fällt sofort auf, dass alle Kontinente betroffen sind. Vielleicht mit Ausnahme der Antarktis. Bezieht man die Zahlen nur auf die landwirtschaftlich nutzbaren Flächen, zeigt sich schnell, dass Boden eine endliche Ressource ist. Nur elf Prozent der Landfläche sind überhaupt für Ackerbau geeignet.

1997 waren 15 Prozent der Landoberfläche degradiert. Das heißt, ihr Boden war gestört. 2008 waren es bereits 24 Prozent, heute sind es mehr als ein Drittel. Bis 2050 könnten 90 Prozent aller Böden weltweit geschädigt sein. Einige Länder sind jetzt schon stark betroffen: In Afrika gelten bereits 65 Prozent der urbaren Böden als geschädigt.

Aber auch China als bevölkerungsreichstes Land der Erde hat ein Problem mit seinen Böden: 470 000 Quadratkilometer oder 6,3 Prozent der Landesfläche sind betroffen. Nach Angaben des chinesischen Umweltamtes hat die Ackerfläche in China zwischen 1998 und 2005 um 7,6 Millionen Hektar abgenommen. 10 Millionen Hektar sind durch Dünger, Pestizide oder Abwässer belastet.

Auch Deutschland bleibt natürlich nicht verschont. Hierzulande gelten neun Prozent der Landesfläche, das sind 30 000 Quadratkilometer, als gestört.

Es ist Zeit, nervös zu werden. Aber wir sind nicht machtlos. Es gibt Mittel und Wege, den Verlust der Böden aufzuhalten.

Kapitel 10
Heilung für den Untergrund

»Den Ertrag des Bodens kurzfristig zu steigern haben wir gelernt. Können wir aber auch verhindern, dass der Boden auf diese Weise langfristig abstirbt? Werden wir angesichts unserer angewachsenen Macht, die Zukunft schon heute zu verbrauchen, auch in unseren Enkeln unseren Nächsten erkennen lernen?«

Richard von Weizsäcker,
bei der Vereidigung als Bundespräsident

Das Bakterium *Bacillus subtilis* ist das, was man einen harten Hund nennt. Landläufig bekannter ist die Mikrobe als Heubazille. Das ist insofern irreführend, da sie ebenso in der Luft wie im Wasser, aber vor allem in oberen Bodenschichten zu finden ist. Sie ist dank winziger Geißeln flink und beweglich, zumindest für eine Mikrobe.

Üblicherweise begegnen wir solchen Organismen mit Argwohn und versuchen sie mit Chemie oder Hitze in Schach zu halten. Die Heubazille allerdings ist ein dienstbarer Geist. Sie hilft bei Hautkrankheiten, der Herstellung von Enzymen für Waschmittel, dem Vitamin Riboflavin und dem Antibiotikum Bacitracin. Zudem hilft sie Landwirten, junge Baumwoll-, Soja- oder Erdnusspflanzen vor Pilzen zu schützen; die Bazille setzt sich auf die jungen Wurzeln und hemmt den Ausbreitungsdrang der Pilze, sodass die quasi stehen bleiben müssen.

Obendrein sondert der Heubazillus Stoffe ab, die Pilze vertreiben.

Die Bazille ist aber noch aus einem weiteren Grund bemerkenswert, und da sind wir wieder bei dem Vergleich mit dem harten Hund. Sie ist zäh, nicht einfach totzukriegen. Im Oberboden, mit seinen ständig wechselnden Bedingungen von trocken zu nass, von warm zu kalt, von sauerstoffreich zu sauerstoffarm, ist das eine lebenserhaltende Eigenschaft. Zudem bildet die Heubazille, wenn sie sich nicht schnell genug davonmachen kann, sogenannte Endosporen. Das sind, vereinfacht gesagt, haltbare Bakterienkeime im Winterschlaf. Die vertragen nicht nur Hitze gut, sondern sogar die tödlichen Bedingungen im Weltraum. Sie sind geradezu geborene Pioniere.

Da liegt es natürlich nahe, ihren Pioniergeist auf die Probe zu stellen: Wie einzigartig unser Boden auf der Erde ist, zeigt ein Besuch auf unserem Nachbarn, dem Planeten Mars. Science-Fiction und Elon Musk träumen davon, den Mars mittels Terraforming zu einer zweiten Erde zu machen. Mittlerweile scheint es aber klar zu sein, dass wir – falls wir dort einmal Gemüse anbauen wollen – unseren eigenen Boden mitbringen sollten.

Der Mars-Rover *Curiosity* ist seit August 2012 auf dem Roten Planeten und hat unter anderem untersucht, wie sich Marserde zusammensetzt. Die Ergebnisse des mobilen Labors funkte der Rover dann zur Erde. Jennifer Wadsworth von der University of Edinburgh hat so einen Untergrund auf der Erde nachgebaut. Das ist fast so gut wie eine heimgebrachte Probe. Bemerkenswert ist vor allem, dass der Marsboden einen hohen Anteil an Perchloraten aufweist. Diese Chemikalien sind ziemlich aggressiv und fördern Verbrennungsprozesse jeder Art; ideal als Brennstoff für Raketen. Nicht so ideal für das Leben.

Die Forscherin setzte ein paar Bakterien der Art *Bacillus subtilis* in ihren Marsboden und schaute, was passierte. Für die Bazillen war das Experiment nicht so erfolgreich. Auf dem Mars hätten sie keine Chance. Nach drei Minuten unter Marsbedingungen waren sie tot. Alle. Der Mars als Ausweichacker fällt erst einmal aus.

Es ist wohl in jedem Fall leichter, hier auf Mutter Erde etwas für die Muttererde zu tun. Der Boden nämlich steht unter Druck. Jede Minute geht ein Stück von ihm verloren. Damit verschwindet nicht nur wichtige Fläche zur Produktion von Nahrungsmitteln, Energiepflanzen und nachwachsenden Baumaterialien. Mit dem Boden verschwindet ein wichtiger Puffer und Filter für Wasser. Und mit ihm geht ein Stück Vielfalt verloren. Das meiste geschieht im Verborgenen und so langsam, dass der menschliche Verstand Probleme hat, das wahrzunehmen. Ähnlich wie beim Klimawandel. Und genau wie beim Klimawandel oder auch beim Artensterben geht es auch beim Bodenverlust letztlich um nichts weniger als unser Überleben.

Es ist nicht so, dass wir machtlos wären. Oder keine Ideen hätten. Drei Wege stehen uns offen. Zum einen können wir den Boden, den wir haben, pfleglicher behandeln. Zum anderen können wir den Boden, den wir nicht pfleglich behandelt haben, wieder versuchen zu heilen. Und schließlich müssen wir Neuland betreten, wenn wir einen Untergrund haben wollen, der lebendig ist. Und uns ein Überleben möglich macht.

Zuerst müssen einmal Regeln für den Umgang mit der Ressource Boden her. Es fällt auf, dass sich die Herrschenden und Institutionen über die Jahrhunderte schwergetan haben und es heute noch tun, Boden um seiner selbst willen zu schützen. Der Nutzwert und vor allem die Furcht vor dem Verlust dieses Nutzwerts stehen über allem.

Es ist erstaunlich, wie schwer wir uns grundsätzlich mit uneigennützigen Erhaltungsmaßnahmen tun. Ein anderes Beispiel macht das deutlich. Dabei geht es um das Erbe, das die Menschheit mit sich herumschleppt und gern als Leistung und

Beweis ihrer eigenen Sonderstellung im Naturhaushalt präsentiert. Der Schutz unserer Kulturgüter hat mittlerweile einen hohen Stellenwert. Niemand käme auf die Idee, ein Schloss Neuschwanstein oder den Kölner Dom abzureißen, weil sich an deren Stelle trefflich ein Baumarkt, ein Parkplatz oder ein Kraftwerk hinstellen ließe. Jeder, der die Nützlichkeit und damit den Erhalt in Frage stellen würde, würde mit einem Kopfschütteln als Banause, Extremist oder sogar als Irrer abgestempelt werden. Denkmäler schützen wir, weil es sie gibt und wir uns für sie verantwortlich fühlen. Wenn wir ein wunderbares Stück verlieren, tut es weh. Als würde ein Freund, ein Familienmitglied sterben. Seltsam, dass wir uns so schwertun, dieses Konzept auf unsere Lebensgrundlage anzuwenden. Sogar im Schutz großer Beutegreifer sind wir mittlerweile weiter als im Bodenschutz.

Nach dem jahrhundertelangen Trennen der Tierwelt in den nützlichen und den schädlichen Teil setzt sich ein Denken zumindest in der westlichen Welt durch, wonach alle Arten ein Daseinsrecht haben. Auch der Wolf, mögen Weidetierhalter und Jäger auch noch so jammern. Wir schützen Wale, Pandas und Nashörner nicht mehr, um sie zu nutzen, sondern einfach, weil es sie gibt – auch wenn es insbesondere in Südostasien Anhänger von Firlefanz-Medizin gibt, die in Nashorn und Tigerkralle zuallererst ein nützliches Mittel sehen. Aber in weiten Teilen der Welt löst das Schicksal von Walen oder Orang-Utan-Babys zumindest ein paar Sekunden Mitgefühl aus. Den Boden vergleichbar zu schützen, eventuell sogar um jeden Preis – so weit sind wir noch nicht. Es geht immer noch zuerst um seine Funktionen. Für uns.

Immerhin ist der Boden natürlich nicht ganz schutzlos. Einfachste Regeln im Umgang mit ihm findet man bereits in der Bibel. Im Buch Exodus im Alten Testament heißt es: »Sechs Jahre kannst du in deinem Land säen und die Ernte einbringen; im siebten sollst du es brach liegen lassen und nicht bestellen.« Ein kluger Rat. Das Gelobte Land war bei Weitem nicht so fruchtbar wie Ägypten, das die Israeliten verlassen hatten. Wenn man etwas ernten wollte, musste man sehr umsichtig mit dem Boden umgehen.

Auch politische Initiativen zum Erhalt der Bodenfruchtbarkeit gab es in der Vergangenheit. Schon in der Verordnung *Capitulare de villis vel curtis imperii*, die Karl der Große im Jahr 812 in Aachen auf den Weg brachte, sind seine Krongüter zur Dreifelderwirtschaft angehalten. Zur Erinnerung: Dreifelderwirtschaft bedeutet, dass das verfügbare Land in drei Teilen zu bewirtschaften ist. Ein rotierendes System, das zumindest in Sachen Bodenschutz ein Anfang war. Ein Jahr sollen die Bauern Wintergetreide anbauen, im nächsten Jahr Sommergetreide, und im dritten Jahr soll der Boden ruhen, sich erholen, Kraft sammeln. Jahrhundertelang herrschte nämlich die Zweifelderwirtschaft vor. Dabei wechselten sich Sommer- und Wintergetreide ab. Mitunter blieb sogar eine Hälfte des Landes brach.

Diese Landgüterverordnung mit der Anweisung des Kaisers zur Dreifelderwirtschaft hatte höhere Erträge im Auge. Und tatsächlich stiegen sie, und mehr Menschen wurden satt. Die Bevölkerung wuchs kräftig, weil der Boden durch diesen Kniff mehr hergab.

Lange Zeit blieb es bei solchen einfachen Maßnahmen des Bodenschutzes. Wobei es letztlich kein Schutz im eigentlichen Sinn war, sondern eher der bloße Erhalt eines bestimmtes Maßes an Fruchtbarkeit. Vielerorts lag es am Geschick der Landwirte, oder es war einfach Glückssache, ob der Boden auf Dauer lieferte.

Wer Boden schützen wollte, meinte in erster Linie Grund und Boden, also den Besitz daran, nicht den Lebensraum. Wenn Boden im Sinne eines Teils der Ökosphäre geschützt wurde, dann war das eher ein Nebenprodukt. Frevel an Luft, Wald und vor allem Wasser bestrafte man schon länger. Die Römer waren zwar findige Bauern, beklagten auch den Verlust der Terra Mater, aber Bodenschützer waren sie nicht. Immerhin kannten sie bereits eine Art Umweltschutzgesetzgebung: »Niemand soll das Wasser dort, wo es öffentlich fließt, in böswilliger Absicht verunreinigen. Wenn es jemand verunreinigt, dann soll die Geldbuße 10 000 Sesterzen betragen«, forderte beispielsweise der römische Senator Sextus Iulius Frontinus, der im ersten nachchristlichen Jahrhundert über Wasserleitungen schrieb.

Wie gesagt, Bodenschutz lief allenfalls mit. Natürlich halfen auf diese Weise Gesetze zum Schutz des Waldes, wie sie ebenfalls schon Karl der Große erlassen hatte und wie sie immer wieder von Herrschern erneuert wurden, auch dem Boden. Das Umweltschutzgesetz etwa von Friedrich I., besser bekannt als Kaiser Barbarossa. Darin verfügt er im 12. Jahrhundert, dass Luft und Wasser in seinem Reich sauber zu halten seien. Seine Verbote sagen viel über den laxen Umgang der Menschen mit ihrer Umwelt damals aus. Zum Beispiel sollten keine Kadaver mehr hinterm Haus entsorgt und keine giftigen Kräuter zum Fischfang in Gewässer geworfen werden. Wer sich nicht daran hielt, dem drohte Geldstrafe oder Zwangsarbeit. Das zeigt, dass der Mensch auch im Mittelalter bereits über die Stränge schlug und Umwelt zum Schutz der Allgemeinheit schonend behandelt werden sollte. Aber wieder hatte mit solchen Vorgaben selbst ein so fortschrittlicher Herrscher wie Barbarossa nicht primär den Boden im Auge.[24]

Natur und Umwelt zu schützen schien nur dort notwendig, wo die Folgen unübersehbar waren. Solange Natur im Überfluss nutzbar schien, war auch das Interesse an ihrem Schutz gering. Aus dem Vollen zu schöpfen wurde in der Neuzeit allerdings immer schwieriger. Im 19. Jahrhundert keimte endlich der Gedanke, dass es nicht nur romantisch sei, Natur und Umwelt hochzuhalten, sondern auch notwendig, um nicht am eigenen

Dreck zu ersticken. Ein großes Problem war zum Beispiel, dass alle Abwässer einfach in die Flüsse geleitet wurden. Aus den Augen, aus dem Sinn – und zivilisatorisch nicht allzu weit von der Praxis des Mittelalters entfernt, den ganzen Mist einfach aus dem Fenster zu schütten.

In dieselbe Zeit fällt auch die Erkenntnis, dass Wasser, Boden, Luft und Vegetation nicht einzeln betrachtet werden können. Das vernetzte Denken begann. Im Deutschen Reich gründete sich beispielsweise 1877 der Internationale Verein gegen Verunreinigung der Flüsse, des Bodens und der Luft. Als seine erste Aufgabe sah er die Reinhaltung des Bodens. Natürlich stand auch hier der Nutzen über allem. Zu der Zeit hatten insbesondere die großen Städte mit den Folgen der Industrialisierung und dem stetigen Zuzug von Menschen zu kämpfen. Wohin mit Abwässern aus den Fabriken, den Mietshäusern, den Straßen? Die Frage, die von den gelehrten Mitgliedern gestellt wurde, war, wie man den Dung der Stadtbewohner als Dünger entsorgen und sogar zu Geld machen könnte.[25] Pecunia non olet.

In der Weimarer Verfassung war im Artikel 150 schon festgehalten, dass der Staat eine Verantwortung für sein Erbe hat: »Die Denkmäler der Kunst, der Geschichte und der Natur sowie die Landschaft genießen den Schutz und die Pflege des Staates.« Immerhin.

Die Nationalsozialisten erließen 1935 ein erstes Gesetz zum Schutz der Natur. Das Reichsnaturschutzgesetz war ein Meilenstein und regelte Schutzgebietskategorien und den Artenschutz. Naturschutzgebiete und Naturdenkmale wurden ausgewiesen. Auf dem Papier war das Gesetz ideologiefrei und modern. Doch unterm Strich spannten die Nazis auch die Natur für ihre mörderischen Pläne ein; aus der Erde Deutschlands sollte für Hitlers Ideologie von Blut und Boden alles herausgeholt werden.

Richtig in Schwung kam der Natur- und Umweltschutz erst in den 1960er Jahren. Der World Wide Fund for Nature (WWF) wurde aus der Taufe gehoben, ebenso der Club of Rome, es gab aufrüttelnde Schriften gegen die Vergiftung des Baikalsees, des Hudson, den Einsatz von Agent Orange im Vietnamkrieg. Rachel Carsons Buch *Silent Spring* (*Der stumme Frühling*) erschien 1962 und gilt heute als eines der wichtigsten Bücher für die Umweltbewegung. Eindringlich beschreibt sie die Wirkung von Pestiziden gerade auch auf die Böden.

Im Laufe der nächsten Jahrzehnte sind viele Vereinbarungen und Abkommen auf nationaler und internationaler Ebene geschlossen worden. Auf der Weltbühne sind das etwa das Umweltprogramm der Vereinten Nationen (UNEP). Das gibt es seit 1972. Oder die Klimarahmenkonvention. Sie entstand aus dem Erdgipfel in Rio de Janeiro im Jahr 1992, 1993 kam die Biodiversitätskonvention zum Schutz der Artenvielfalt, der genetischen Vielfalt innerhalb der Arten und der Vielfalt der Ökosysteme hinzu. Und 1994 das Übereinkommen zur Bekämpfung der Wüstenbildung (UNCCD).

Im besten Fall läuft die Sorge um den Boden mit. Sie ist wie der Gast, den man zwar auf die Party einladen muss, weil sich das so gehört, der dann aber mit seinem Glas in der Ecke steht und von niemandem mehr beachtet wird. In mehr als 200 internationalen Abkommen ist Bodenschutz kaum ein Thema. Und nicht einmal vergleichbare und dabei so vage und schwer zu erreichende Ziele wie die Begrenzung des Treibhauseffektes auf zwei Grad Celsius oder den Stopp des Artensterbens findet man. In Sachen Bodenschutz sind die Staaten nicht einmal annähernd so weit wie beim Klimaschutz. Eine Protestwelle wie Fridays for Future für den Boden? Fehlanzeige. Wahrscheinlich ist beim Boden das Gefühl, sich die Hände schmutzig zu machen, zu groß. Boden ist nicht sexy, nicht flauschig, niedlich, hat keine Mimik wie wir. Und selbst seine Bewohner verströmen wenig Charme. Was hat ein Springschwanz schon gegen einen Panda für eine mediale Chance? Das könnte einem Sorgen bereiten. Immerhin hat sich die UNCCD auf dem Umweltgipfel in Rio von 2012 dafür eingesetzt, den Verlust durch Bodendegeneration bis 2030 zumindest netto zu stoppen. Das heißt, der Boden und seine Leistungen sollen in der Summe gleich bleiben; erodiert er an einer Stelle, kann das durch Neuland an anderer Stelle ausgeglichen werden.

Verstehen kann man solches Kopf-in-den-Sand-Stecken der Entscheider nicht mehr. Denn der Boden ist essenziell für den Klimaschutz, den Artenschutz und die Ernährung und Versorgung einer stetig wachsenden Weltbevölkerung. Aber vielleicht hat sich ja wenigstens auf nationaler Ebene etwas getan?

Die SPD/FDP-Koalition machte in der Regierungserklärung 1969 den Umweltschutz zu einem Schwerpunkt ihrer Arbeit. Sie gab sich 1971 ein Sofortprogramm für den Umweltschutz. Auch der Boden kam als Teil der Grundlagen des Lebens vor. Damals existierte allerdings noch kein Umweltministerium, das ist erst ein Kind des Reaktorunfalls von Tschernobyl 1986. Vorher waren Innen-, Landwirtschafts- und Gesundheitsministerium für Natur- und Umweltbelange zuständig. Das Reichsnaturschutzgesetz von 1935 wurde erst 1976 durch das Bundesnaturschutzgesetz abgelöst.

Erst seit 1999 gibt es in Deutschland ein spezifisches Gesetz, das sich mit dem Bodenschutz beschäftigt. Natürlich spielen da andere Gesetze und Verordnungen auch eine Rolle. Dazu zählen neben dem Bundesnaturschutzgesetz das Wasserhaushaltsgesetz, die Bundes-Bodenschutz- und Altlastenverordnung sowie die Vorgaben aus dem Pflanzenschutz und den Bauvorschriften.

Der Bodenschutz setzt an verschiedenen Punkten an. Da gibt es den Erhalt der Fläche für den Naturhaushalt. Böden sollen demnach nach Möglichkeit nicht überbaut werden, und wenn es denn sein muss, dann zumindest in Form eines Kreislaufs. Gifte gilt es vom Boden fernzuhalten. Die Struktur des Bodens soll erhalten bleiben. Und natürlich soll der Boden nicht vom Winde verweht, ausgewaschen oder ausgelaugt werden.

Immer wieder steht die Frage im Raum, was die richtige Menge ist, die man einem Boden zumuten kann. Der Gesetzgeber versucht hier den Spagat zwischen dem sinnvollem Umgang mit der Natur und den Interessen der Landwirte. Die Düngeverordnung Deutschlands soll verhindern, dass Nährstoffe ungenutzt im Boden versickern oder sogar in Flüsse, Seen und das Grundwasser gelangen. Es gilt, den Nährstoffbedarf vorher zu ermitteln. Neben Verboten, zu welchen Zeiten nicht gedüngt werden darf, regeln Gebote, wie gedüngt werden soll. Für die großen Viehhalter im Norden und Westen der Republik ist das ein Problem; sie können die Exkremente ihrer Tiere nicht mehr loswerden. Zwei Punkte sind dabei interessant. Zum einen geht es in der Verordnung gerade auch um den Schutz des Trinkwassers, den die EU seit Jahren anmahnt. Zum anderen ist der Widerstand der Tierhalter weniger dadurch ein Problem, dass der Boden verarmt, als vielmehr, dass sie nicht mehr wissen, wohin mit ihren Abfällen.

Gesetze, internationale Abkommen und Regeln sind eine gute Sache. Doch letztlich kommt es darauf an, was sich in der Praxis bewährt. Welche Schweinereien vermieden, verfolgt und sogar bestraft werden. Und was Landschaftsplaner und Landwirte in die Tat umsetzen. Je nach Nutzer ergeben sich daraus unterschiedlichste Tabus. Aber auch die werden aus scheinbaren wirtschaftlichen Zwängen oft genug gebrochen. Gerade in Sachen Landwirtschaft ist der angemessene und zumutbare Schutz des Bodens immer wieder ein Streitthema zwischen Landwirten, Wissenschaftlern, Natur- und Umweltschützern.

Dabei kommt den Landwirten eine Schlüsselrolle zu. Denn die wichtigsten Praktiker in Sachen Boden sind natürlich die

Landwirte. Sie sind für vieles verantwortlich, was im Boden und mit ihm passiert. Man muss ihnen zugutehalten, dass niemand absichtlich seinem Boden schadet. Im Gegenteil. Jedem Ackerbauern und auch jedem Tierhalter ist klar, dass Boden bares Geld bedeutet. Weil er Feldfrüchte ernten will beziehungsweise wegen der Exkremente seiner Tiere Boden nachweisen muss. Wer seinem Boden vorsätzlich schadet, schmälert seinen Erfolg. Auch spritzt kein Landwirt aus Böswilligkeit teure Pestizide oder Dünger oder Gülle auf die Flächen.

Mittlerweile gibt es viele Möglichkeiten, Landwirtschaft zu betreiben und seinen Boden lebendig zu halten. Da sind zum einen technische Mittel. Eine Maschine, die heute über den Acker fährt, schwebt beinahe über das Feld. Natürlich nur beinahe, denn ein moderner Trecker bringt leicht fünf bis zehn Tonnen auf die Waage. Die größten Modelle kommen sogar auf mehr als 25 Tonnen. Doch dank immer größerer Reifen hat sich der Druck auf den einzelnen Quadratzentimeter Boden verringert.

Daneben gibt es die gute fachliche Praxis. Das bedeutet, dass heute kein Bauer mehr sein Feld senkrecht zum Hang pflügen würde - eine flache Bodenbearbeitung ist heute selbstverständlich. Grubber und Eggen ritzen das Erdreich, lockern die oberste Schicht und helfen, Strohreste oder Gülle einzuarbeiten. Der Vorteil ist, dass die Struktur des Untergrunds nicht grundsätzlich gestört wird.

Schließlich geht es auch um den Einsatz von Chemikalien auf dem Acker. Für Biobauern gehört der Schutz eines intakten Bodens zur Philosophie. Das fängt bei der behutsamen Bearbeitung des Ackers an und endet mit dem Einsatz von Mist und Kompost zur Ergänzung von Nährstoffen. In Deutschland tut sich die Biolandwirtschaft nicht leicht, zu groß ist die Skepsis, ob damit genug erwirtschaftet werden kann. Gerade einmal acht Prozent der Landwirte fühlen sich dieser Bewirtschaftungsart verpflichtet. Im indischen Bundesstaat Sikkim dagegen hat man den großen Wurf gewagt: Seit Januar 2016 sind alle Felder bio-zertifiziert. Die 66 000 Bauern des Landes streuen weder Kunstdünger auf ihre Kulturen, noch bekämpfen sie Konkurrenten um die Ernte mit Gift. Das System funktioniert.

Rückwärtsgewandt ist diese Art der Arbeit mitnichten. Längst hilft hierbei auch moderne Technik. Die Zeiten sind vorbei, in denen Landwirte quasi mit der Gießkanne Dünger und Gift über die Felder verteilt haben. Die Zauberworte heißen *smart farming* und *precision farming.* Dahinter verbirgt sich ein beinahe punktgenaues Ansprechen eines Bodens und des Zustands der darauf wachsenden Feldfrüchte. Sensoren messen, wie viel ein Stück Feld an Dünger oder Pestiziden braucht.

Zum einen helfen dabei detaillierte Karten des Feldes. Diese Ertragskarten fußen auf Satellitenbildern, Daten über Wind, Niederschläge und Temperatur sowie Wachstumsmodellen von Pflanzen. So entsteht ein Bild, das die Möglichkeiten eines Feldes und sogar verschiedener Teile eines Feldes zeigt. Kombiniert der Landwirt das mit Daten seiner Erntemaschinen, erhält er ein gutes Bild seines Bodens. Wenn er weiß, welche Menge Getreide von einem Feld geerntet werden kann, kann er abschätzen, welche Mengen an Nährstoffen er ersetzen muss. Auf diese Weise spart er Geld und dem Boden die Überdüngung.

Sparen kann er auch mit Sensoren, die direkt an der Maschine angebracht sind. Zum Beispiel mit einem Gerät, das die Menge Licht misst, die ein Blatt abgibt. Abhängig vom Gehalt an Chlorophyll, an Blattgrün also, reflektiert die Pflanze nämlich Licht unterschiedlich stark. Daraus berechnet der Computer, wie viel Stickstoff die Pflanze bisher aufgenommen hat. So wiederum ergeben sich nicht nur Erkenntnisse über die Düngung, sondern auch Daten, ob die Pflanze etwa von Pilzen befallen ist.

Schlaue Landwirtschaft hilft dem Boden aber nicht nur über immer bessere Sensorik. Alle großen Landmaschinenhersteller arbeiten an selbstfahrenden Maschinen. Wenn man so will, könnte in ein paar Jahren der Roboter den Landwirt auf dem Feld ersetzen. Darin steckt die Chance, den Teufelskreis der großen Maschinen zu unterbrechen und mit kleinen Einheiten nicht nur präziser, sondern auch bodenschonender zu arbeiten. Längst sind auch Drohnen im Einsatz, die über den Kulturen schweben und unerwünschte Pflanzen erkennen und entfernen.

Ein Verzicht auf große Maschinen birgt aber noch eine weitere Chance: Die Felder müssten nicht mehr den Anforderungen großer Trecker oder Mähdrescher entsprechen. Dann könnte die Zeit für kleine Einheiten in der Flur wiederkommen. Und wenn man schon einmal in die Zukunft blickt, sind das vielleicht sogar Äcker oder Wiesen, die wieder von Hecken und Feldrainen umgeben sind. Die Folge ist Vielfalt. Eine Vielfalt, die dem Boden nutzt, Erosion verhindert und sogar dem Klimaschutz und der Artenvielfalt hilft.

Das Schöne daran: *Smart farming* ist keine Science-Fiction. Einer Umfrage des Bauernverbandes zufolge nutzen bereits mehr als die Hälfte aller Landwirte Lösungen aus der digitalen Welt für ihre Betriebe. Nach einer Studie für das Europaparlament könnte der Einsatz der neuen Techniken zehn Prozent Kraftstoff sparen und dem Boden die Hälfte an Nitratrückständen. Das frühe Erkennen und Bekämpfen von Schädlingen und Krankheiten könnte 85 Prozent der Pestizide ersetzen. Wenn das mal keine Chance ist.

Dem Boden helfen aber nicht nur Hightech-Werkzeuge. Auch mit immer ausgeklügelteren Fruchtfolgen und einer defensiven Bodenbearbeitung schützt der Landwirt der Zukunft sein wichtigstes Pfund. Fruchtfolgen imitieren ein Stück weit die natürliche Vielfalt. In der Natur schützt die Vielfalt die einzelne

Pflanze, das einzelne Tier auch davor, krank zu werden. Monokulturen bieten Infektionen viel Raum sich auszubreiten. Mit einer Fruchtfolge durchbricht der Bauer das Schema. Er nimmt Krankheiten ihr Reservoir, indem er die Feldfrucht wechselt und den Boden bearbeitet. Und nicht nur das: So verbessert er auch den Humusgehalt im Boden und den Nährstoffgehalt.

Zum Beispiel sitzen Pilze auch noch an dem Stroh, wenn der Weizen längst abgeerntet ist. Selbst wenn sie in den Boden eingearbeitet wurden, überleben sie noch eine Zeit lang.

Schon der Übergang von der Zwei- auf die Dreifelderwirtschaft und der Wechsel verschiedener Feldfrüchte brachten ein Fünftel mehr Ertrag. Mittlerweile gibt es auch die Vierfelderwirtschaft und die Rheinische Fruchtfolge, bei der sogar fünf Kulturen wechseln. Das Prinzip folgt einem einfachen Schema: Pflanzen, die viel Nährstoffe verbrauchen, folgen auf die, welche wenig verbrauchen oder sie sogar dem Boden wieder zuführen. Zum Beispiel können Schmetterlingsblütler Stickstoff aus der Luft zu Stickstoffverbindungen im Boden umbauen.

Ein weiterer Baustein ist heute das Anregen der biologischen Aktivität im Boden. Biostimulanzien sind der nächste große Hype auf den Feldern. Es ist ein Überbegriff für neue Helfer in der Landwirtschaft. Sie sind weder Dünger noch Pestizide. Dahinter stecken sowohl Pflanzenextrakte wie Vitamine oder Phytohormone als auch Bodenbakterien, Algenpräparate oder Huminstoffe. Huminstoffe sind hochkomplexe Makromoleküle und Abbauprodukte des Lebendigen. Sie alle verbessern die Struktur des Bodens und dessen Fähigkeit, die Pflanze zu versorgen. Das spart wiederum Dünger und Pestizide.

Aber was ist, wenn der Boden vergiftet ist? Wenn Schwermetalle, Chemikalien, Erdöl ihn lebensfeindlich gemacht haben? Pflanzen könnten dabei helfen. Die Hallersche Schaumkresse (*Arabidopsis halleri*) ist so eine. Im Grunde ist sie eine unspektakuläre Pflanze: gefiederte oder geteilte Grundblätter, bis zu einem halben Meter hoch, die Blüten weiß und zahlreich. Man kann sie leicht übersehen. Forscher der Ruhr-Universität Bochum haben sie dennoch genauer unter die Lupe genommen, denn die Kresse wächst auch in der Nachbarschaft alter Bergwerke und Industrieanlagen, also dort, wo Schweinereien im Boden lauern.

An genau solchen 165 verschiedenen Standorten hatten die Wissenschaftler 2000 dieser Pflanzen und den dazugehörigen Boden untersucht. Im Boden fanden sich Blei, Cadmium, Zink und Kupfer. Genauso in der Schaumkresse. Bis zu 5,4 Prozent Zink und 0,4 Prozent Cadmium im Verhältnis zum Trockengewicht hatten die Pflanzen angesammelt. Der Kresse scheinen die Schwermetalle gut zu bekommen. Sie bauen sie wohl sogar in ihren Organismus ein, um Tiere davon abzuhalten, die Blätter zu fressen.

Da liegt es auf der Hand, sich die Sammelleidenschaft der Kresse nutzbar zu machen, indem man sie erntet und so vielleicht die Metalle zurückgewinnt. Dafür gibt es sogar einen Ausdruck – Phytomining. Und die Kresse ist nicht allein: Mehr als 500 Arten sind in der Lage, Metalle in größeren Mengen aus dem Boden zu ziehen. Das Gebirgs-Hellerkraut zum Beispiel speichert Nickel; wenn man es verbrennt, besteht die Asche zu 20 Prozent daraus.

Entgiften können auch andere Lebensformen. Bakterien fressen Erdöl und selbst hochgiftige Kohlenwasserstoffe wie Benzol. Sie brauchen allerdings eine feuchte Umgebung, sonst finden die Mikroben nicht zu ihrer Mahlzeit. Helfen könnten dabei Pilze, die den Bakterien quasi als Transportweg zu ihrem Arbeitsplatz dienen.

Der Mensch ist also den Folgen seiner Schandtaten nicht hilflos ausgesetzt. Es gibt Wege, Böden wieder zu beleben. Einfacher wäre es natürlich, die Schadstoffe gar nicht erst in den Boden gelangen zu lassen.

Pflanzen helfen auch anderswo, den Boden zu schützen. Auf andere Art und Weise allerdings, als es die erwähnte Kresse tut. Dabei geht es in erster Linie darum, die Verwüstung aufzuhalten. Laut den Vereinten Nationen breiten sich die Wüsten der Erde jede Minute um 23 Hektar aus. Mit jedem Hektar verschwindet fruchtbarer Boden. Mittel der Wahl im Kampf dagegen sind Bäume.

Die Forstwirtschaft in Deutschland ist in ihren Anfängen nicht nur ein Holzbeschaffungsprogramm, sondern vor allem ein Wüstenei-Bekämpfungsprogramm gewesen. Eine groß angelegte Bodenschutzmaßnahme. Es gilt heute noch viel mehr, die Entwaldung des Planeten aufzuhalten, um den Boden zu schützen. Besonders spektakulär sind dabei die grünen Mauern, allein schon wegen ihrer Dimension. 2007 hatte der nigerianische Präsident Olusegun Obasanjo den Mitgliedern der Afrikanischen Union ein Projekt vorgeschlagen, bei dem die Länder des Sahel Bäume pflanzen sollten, um die Sahara aufzuhalten. 8000 Kilometer lang und 15 Kilometer breit sollte diese Mauer sein. Etliche Millionen Bäume später ist sie zwar mehr ein Flickenteppich als eine Linie, aber dennoch gilt das Projekt als Erfolg, weil ehemals verwüstete Gebiete wieder grün sind und den Menschen eine Lebensgrundlage bieten. Bis 2030 sollen 100 Millionen Hektar Land wieder belebt werden. Als zusätzlichen Effekt speichert die Mauer 250 Millionen Tonnen Kohlendioxid und gibt zehn Millionen Menschen Arbeit. Bodenschutz kann so helfen, Menschen eine Perspektive in ihrem Land finden zu lassen.

In Afrika gibt es noch zwei weitere bemerkenswerte Projekte: Da ist die »Barrage vert«, die »grüne Sperre« im Norden Algeriens. Seit 1974 wurden überwiegend Aleppo-Kiefern gepflanzt. Der Streifen Wald sollte dort zwischen vier und 25 Kilometern breit und 1200 Kilometer lang sein. Über die Jahre ist das Projekt allerdings ins Stocken geraten.

Auch »Green Belt Movement«, die »Grüngürtel-Bewegung« in Kenia, hat es sich zum Ziel gesetzt, der Bodenerosion entgegenzutreten. Die Friedensnobelpreisträgerin Wangari Maathai war hier federführend. Der Organisation geht es nicht nur darum, Bäume zu pflanzen. Zu dem Programm gehören auch Schulungen in angewandter Nachhaltigkeit; schon Kinder und Jugendliche lernen, wie Bodenerosion, Abholzung, Absinken des Grundwasserspiegels und letztendlich Hunger zusammengehören. Seminare für Erwachsene lehren, wie man seinen Boden mit einfachen Mitteln wie Windschutzstreifen bewahren kann. Mittlerweile ist die Grüngürtel-Bewegung auch bei der African Forest Landscape Restoration Initiative beteiligt. Sie will bis 2030 eine Fläche von 100 Millionen Hektar wieder bewalden. Zum Vergleich: Deutschland hat eine Fläche von rund 30 Millionen Hektar.

Viel weiter im Osten gibt es ein riesiges Problem mit dem Verlust von Böden und der Verwüstung. China antwortet mit einem ebenso riesigen Lösungsansatz: Jeder Chinese zwischen elf und 60 Jahren soll pro Jahr mindestens drei Bäume pflanzen. So will man dem Sand Herr werden, der aus Zentralasien rüberweht. Es soll ein Schutzgürtel entstehen, der 4500 Kilometer lang ist.

Um die Menschheit in Zukunft ernähren zu können, reichen die Maßnahmen zum Schutz und zur Heilung der Böden vielleicht nicht. Das Urbarmachen neuer Böden steht an. Prinzipiell ist da einiges denkbar. Nehmen wir beispielsweise den Marsboden vom Anfang, der, vorsichtig ausgedrückt, nicht gerade der Traum eines Gemüsebauern ist. Im Film *Der Marsianer* von 2015 hilft sich der von seiner Crew zurückgelassene Astronaut Mark Watney, indem er Marsboden mit menschlichem Kot vermischt, Wasser erzeugt und schließlich Kartoffeln pflanzt. Er muss einen grünen Daumen gehabt haben, denn die Kartoffeln wachsen.

Die amerikanische Weltraumorganisation NASA hat zwar noch keinen Landwirt zum Mars geschickt, aber auch sie hat Marsboden nachgebaut. Sie verwendete Vulkanboden vom Mauna Loa auf Hawaii als Grundlage und bearbeitete ihn so lange, bis er mit der Erde des Roten Planeten identisch war. Nach Vermischen mit organischem Material und Impfen mit Bodenbakterien säte ein Team der Universität Wageningen in diesen außerirdischen Mutterboden. Tomaten, Erbsen, Lauch, Rettich, Spinat, Kresse, Salat, Schnittlauch, Quinoa und Roggen gingen auf und wuchsen prächtig. Sie wiederholten die Versuche auch mit nachgebauter Monderde, aber der Mars »lieferte« doppelt so hohe Erträge. Einen Haken hat die Ernte allerdings: Der Marsboden enthält viele Schwermetalle, die Ernte kann hochgiftig und definitiv ungenießbar sein.

Mittlerweile haben die niederländischen Forscher einige Pflanzen, darunter Tomaten und Radieschen, als sicher eingestuft. Sie machten sogar Erfahrungen mit Regenwürmern in ihrem Marsboden. Vielleicht gehören die Würmer zu den ersten Siedlern, falls es die Menschheit mal auf den Mars schafft.

Aber auch auf der Erde gibt es Gegenden, die zumindest als Ersatz für verloren gegangene Böden dienen könnten. Verwüstete Böden wieder zu beleben ist leicht und auch wieder nicht. Es braucht organisches Material und Wasser, um so Leben in den Untergrund hauchen zu können. In Westafrika etwa übernehmen das Termiten.

In vielen Gegenden am Rande der Wüste veröden die Böden. Fruchtbares Material verweht der Wind, die Oberfläche verdichtet sich, und das wenige Wasser, das helfen könnte, fließt ab und reißt mitunter selbst Boden mit sich. Der Trick ist, Löcher in den harten Boden zu hacken, sie mit Mist, Asche und Laub zu füllen. Wasser fließt dann nicht mehr einfach ab, sondern sammelt sich. Die Termiten wiederum verarbeiten das organische Material. Am Schluss entsteht ein neues

Substrat, das Bauern den Anbau und Bäumen das Wachsen ermöglicht.

Solche Erfolgsgeschichten gibt es aus Ägypten, Israel und Indien. Verwüsteter Boden ist genug da. Ungleich skurriler muten Versuche an, Böden – mitunter sollte man besser von Wachstumssubstraten sprechen – zum Blühen zu bringen. Da ist der Garten der Gamberinis an der Ligurischen Riviera in Italien. Er liegt am Meeresgrund. Die Bohnen, Zucchini, Erdbeeren gedeihen sogar hier. Es ist hell genug für die Photosynthese, Temperaturen sind gedämpft, es gibt genug Wasser, das aus Meerwasser gewonnen wird, und Schädlinge lassen sich unter den Wellen auch nicht blicken. Kapitän Nemo hätte seine Freude daran.

Gleich ganz ohne Boden kommen Hydrokulturen aus, in denen Gemüse nur dank nährstoffreichen Wassers und künstlicher Beleuchtung gedeiht. So könnte zumindest ein Teil der Menschen in den Städten mit Nahrung versorgt werden. Statt Boden in der Horizontalen zu verbrauchen, erntet man einfach in der Vertikalen.

Immer noch glauben viele Menschen, Deutschland hätte seine Umweltprobleme unter Kontrolle. Keine Frage, die Luft ist klarer als in den 1970er Jahren. Die Bäche, Flüsse und Seen sind sauberer. Wir trennen unseren Müll, bremsen auch für Tiere und belehren gern andere Menschen anderswo in der Welt, dass sie doch bitte schön mehr für Natur und Umwelt tun müssten.

Nicht nur, aber gerade in Sachen Boden haben wir einige Punkte auf unserer To-do-Liste. Dazu gehören Dinge, die wir als Gesellschaft angehen müssen. Veränderte Verhaltensweisen kommen hinzu. Und zu guter Letzt können wir auch alle praktisch in unserem Umfeld etwas machen. Immerhin sagt das Bundesbodenschutzgesetz, dass jeder Einzelne von uns verpflichtet ist, etwas für den Boden zu tun. Natürlich können

Sie nicht das große Rad drehen. Aber sie können zum Beispiel Obst, Gemüse, Brot und Fleisch aus einer Landwirtschaft kaufen, die den Boden schont. Sie können, sofern Sie einen Garten haben, auf Dünger und Pestizide verzichten. Gut ist es auch, wenn Sie keine Flächen versiegeln oder mit Kies und Geröll zu toten Gärten machen.

Abseits der menschenzentrierten Sichtweise könnten Sie auch einfach anfangen, den Untergrund als Lebensraum wahrzunehmen. Denn eines ist klar: Wir sind auch weiterhin auf den Boden angewiesen. Wir sind aus Erde gemacht, und das hängt uns an.

Anmerkungen

1 Allerdings ist nicht jedes Element aus dem Erdinneren hilfreich: Manchmal geraten große Mengen Fluor an die Oberfläche. In kleinen Mengen in unserer Zahnpasta hat Fluor eine schützende Wirkung. In höheren Dosierungen ist es ein Nervengift. Nach dem Ausbruch des Ruapehu auf Neuseeland im Jahr 1995 starben in der Region mehr als 2000 Schafe. 1988, nachdem der Vulkan Lonquimay in Chile ausgebrochen war, verendeten über 4000 Kühe, Ziegen, Schafe und Pferde eines Bauernhofs. Am Meru in Tansania leiden viele Kinder unter dem hohen Fluorgehalt im Trinkwasser; es kommt zu Knochendeformationen, weil der Körper Kalzium durch Fluor ersetzt.

2 Das Oströmische Reich hielt sich an dieses Datum. Ein fernes Echo davon war noch bis ins Russland der Neuzeit zu spüren. Erst Ende 1699 verfügte Zar Peter I., dass mit dem Jahreswechsel das Jahr 1700 beginnen möge und nicht das Jahr 7208.

3 Radiochemische Methoden werden sowohl von Geologen als auch von Archäologen verwendet. Die Wissenschaftler nutzen den regelmäßigen Zerfall von Isotopen, um daraus die verstrichene Zeit zu ermitteln. Schlüssel dabei ist die Halbwertszeit eines Elements, also die Zeit, die verstreichen muss, damit die Hälfte des Elements sich in ein anderes verwandelt hat. Dabei wird Radioaktivität frei. Bekannt ist die C14-Methode bei der Bestimmung organischen Materials. Für besonders alte Gesteine nutzt man den Zerfall von Rubidium in Strontium. Die Halbwertszeit von 87Rb beträgt nämlich 47 Milliarden Jahre.

4 Der Beschuss jener Zeit machte die Erde 200 Billiarden Tonnen schwerer. Eine gewaltige Menge, sind doch in der ganzen Zeit seit damals kaum 200 Billionen Tonnen zur Erdmasse hinzugekommen. Und doch nimmt die Erde immer noch an Masse zu: Heute geschieht das meistens in Form von interplanetarem Staub. Er ist zu klein, um in der Atmosphäre zu verglühen, und rieselt langsam auf die Erdoberfläche; bis zu 10000 Tonnen können das sein – pro Tag! An diesen Gruß aus dem Weltraum könnte man kurz denken, wenn man den Staubsauger über den Teppich schiebt.

5 Die Erdoberfläche ist zu 71 Prozent von Wasser bedeckt. Trotzdem ist unser Planet aufs Ganze betrachtet eher eine trockene Kugel, denn nur 0,023 Prozent seiner Masse besteht aus Wasser.

6 Nach der Eiszeit überwucherte Wald schnell die Dünen und stabilisierte sie. Pikanterweise setzte sie erst der Mensch wieder in Bewegung, indem er die Bäume fällte und teilweise auch noch den letzten Rest einer schützenden Pflanzendecke entfernte. So waren Wanderdünen in der Neuzeit ein echtes Problem; Ackerland verschwand, Dörfer mussten aufgegeben werden, der Sand bedrohte im 19. Jahrhundert sogar die Stadt Lüneburg. 1787 verglich man die Lüneburger Heide mit der Wüste Gobi.

7 In den Lössschichten kommt es vor, dass man menschliche Artefakte findet; der berühmteste Fund ist die Venus von Willendorf. Sie wurde 1908 beim Örtchen Willendorf in der Wachau/Österreich aus dem Untergrund gekratzt. Sie ist schätzungsweise 25 000 Jahre alt und stammt aus einer Zeit, in der es die wenigen Menschen in Mitteleuropa sehr schwer hatten. Sie und ähnliche Kunstgegenstände sollten wohl göttlichen Beistand bei der Nahrungsbeschaffung sicherstellen. Sehr erfolgreich war das nicht: *Homo sapiens* verschwand. Erst als das Klima wieder freundlicher wurde, machten sich Menschen aus Zentralasien auf, Europa neu zu bevölkern.

8 Um sich nicht zu verheddern, sind leider einige Begriffe zu klären. Minerale sind Bausteine von Gesteinen. Solche Minerale bestehen einheitlich aus bestimmten Stoffen, die immer gleich sind und eine bestimmte Struktur aufweisen. Alabaster ist ein Mineral, das aus Kalziumsulfat besteht. Gips besteht auch aus Kalziumsulfat, hat aber eine andere Kristallstruktur, deswegen ist es ein anderes Mineral. Es gibt rund 4800 verschiedene Minerale. Gesteine sind nicht homogen, sie werden aus verschiedenen Mineralen aufgebaut. Granit ist ein solch zusammengewürfeltes Gestein; welche Minerale in der Regel in ihm stecken, kann man sich leicht merken: »Feldspat, Quarz und Glimmer, die drei vergess' ich nimmer.«

9 Bodenkundler haben ein Maß für die Wasserhaltfähigkeit: die Saugspannung. Das ist eine Funktion, die ermittelt wird, indem man misst, wie viel Druck notwendig ist, um Wasser aus einer Bodenprobe zu drücken. Der Druck von einem Bar, also 1000 Zentimeter (oder 10^3) Wassersäule, entspricht dann einem pF-Wert von 3. Der pF sagt damit aus, wie stark Wasser von einem Boden gehalten wird. Dabei gilt: Je höher, desto trockener ist der Boden.

In Sachen Saugspannung gibt es einen interessanten Effekt, die sogenannte Hysterese. Denn wenn man die Werte der Saugspannung in eine Grafik überträgt, sieht sie beim Austrocknen anders aus, als wenn der Boden wieder befeuchtet wird. Das hängt mit der unterschiedlichen Größe der Kapillaren und der eingeschlossenen Luft zusammen. Es ist ein Flaschenhalseffekt, der zeigt, dass ein Boden nicht wie ein Glas zu leeren und zu füllen ist. Ähnliches sieht man auch bei Überschwemmungen; das Wasser fließt anders ab. Ein trockener Boden hat einfach Schwierigkeiten, sich wieder mit Wasser zu füllen.

10 Die Nutzung von Guano hat auch ihre Schattenseiten. Der Humboldt-Pinguin gräbt sich Nisthöhlen in den Guano. Ohne den Mist verliert er seine Brutmöglichkeit.

11 Die Römer nannten ihn auch *marciana silva*, was von dem germanischen *marka*, »Grenze«, abgeleitet war; damit meinten sie den Grenzwald jenseits der Zivilisation. Bei den Kelten und Germanen wurden die Höhenzüge wieder ganz anders genannt.

12 In Südafrika und Australien treibt sich ein noch größerer Regenwurm herum: *Microchaetus skeadi*. Normalerweise ein bis zwei Meter lang, wurde 1967 ein 6,6 Meter langes Exemplar in der Nähe von King William's Town gefunden. Nein, auch solche großen Exemplare sind wirklich Vegetarier. Nur im Film *Squirm – Invasion der Bestien* von 1976 finden Regenwürmer Gefallen an Menschenfleisch. Auch so ein Film, den man nicht unbedingt gesehen haben muss.

13 Regenwürmer gibt es weltweit. In den Anden genauso wie auf einsamen Inseln im Pazifik. Sie meiden natürlich Wüsten. In tropischen Regenwäldern leben sie manchmal sogar in luftiger Höhe, in Astgabeln, in denen alte Blätter vor sich hin gammeln. Allerdings machten sie sich in Nordamerika rar. Die Lebensgemeinschaften dort hatten sich nach der Eiszeit gut ohne Regenwürmer eingerichtet. Dicke Laubschichten schützten den Boden und das Leben darauf und darin vor beißender Kälte. Doch mit den europäischen Siedlern kamen auch Regenwürmer nach Amerika. Die tun natürlich ihren Job und ziehen die Mengen an altem Pflanzenmaterial in den Untergrund. So bringt sogar so ein friedliches Tier wie der Regenwurm ein ganzes Ökosystem durcheinander.

14 Noch ein wenig unter den uns wenigstens halbwegs vertrauten Bodenschichten könnte sich eine weitere Überraschung verbergen; Wissenschaftler der Universität Duisburg-Essen glauben, dass die ersten Zellen in der Erdkruste und nicht etwa in der Umgebung schwarzer Raucher in der Tiefsee entstanden sind. In der Erdkruste gebe es alle Grundbausteine und Bedingungen für die Entstehung des Lebens. Und zumindest im Labor ist ihnen gelungen, so etwas wie zellähnliche Strukturen zu erzeugen.

15 Viele Insekten, die wir als Tiere des Lichts wahrnehmen, haben den

größten Teil ihres Lebens im Dunkeln verbracht. Schnaken-, Wanzen-, Schmetterlingslarven ... Viele Arten entwickeln sich im Boden. Maikäfer (*Melolontha*) sind die bekanntesten Bodenbewohner. Ihre Engerlinge genannten Larven entwickeln sich vier Jahre in der Erde, um dann vier Wochen als fertiger Käfer durch den Frühling zu brummen. Die in den USA lebenden Siebzehnjahr-Zikaden (*Magicicada septendecim*) halten es sogar noch länger aus. Wie der Name schon sagt, bereiten sie sich 17 Jahre im Boden auf ihren großen Auftritt vor. Dann schlüpfen sie allerdings in Millionenstärke. 2030 ist das nächste Spektakel zu erwarten. Unter Förstern ist es eine bewährte Methode, den Boden in Kiefernwäldern zu durchkämmen. Kleine Raupen, kleine Zäpfchen und Tönnchen findet man dort. Die Raupen können zu dem gefürchteten Kiefernspinner (*Dendrolimus pini*) gehören. Dieser Schmetterling beziehungsweise seine Larven fressen fleißig Kiefernnadeln. Im Herbst krabbeln sie zu Boden und vergraben sich bis zum Frühjahr, dann baumen sie wieder auf und fressen weiter. Auch die Raupen der Kiefernbuschhornblattwespen (*Diprion pini*) fressen Nadeln. Sie graben sich auch ins Erdreich und verpuppen sich dort. In ihrer Puppenhülle können sie sogar mehrere Jahre überdauern.

16 Manchmal gibt Geosmin auch Wein diesen erdigen Geruch. Dann ist das aber kein Geschmack, der aus dem Boden kommt; für diesen Weinfehler sind Mikroorganismen verantwortlich. Sie haben dummerweise den Weg in die Gärung geschafft.

17 Jetzt erscheinen auch die Schilderungen des spanischen Konquistadoren Francisco de Orellana aus dem 16. Jahrhundert nicht mehr ganz so fantastisch. Er war als erster Europäer den Amazonas auf der Suche nach dem sagenhaften Eldorado entlanggefahren und 1546 an Entbehrung und Krankheit gestorben. Er schrieb von großen Städten mit vielen Einwohnern, die er am Ufer gesehen haben wollte. Man glaubte ihm nicht, denn nachfolgende Reisende fanden nichts als grüne Hölle. Man nimmt heute an, dass die Kultur mitsamt ihrem Gartenwissen untergegangen ist, nachdem die Europäer ihre Krankheiten nach Amerika eingeschleppt hatten.

18 Unweit des besten Bodens entdeckte man später sogar einen noch besseren: Bei Mölme, gut 20 Kilometer östlich von Hildesheim, gibt es einen Boden mit der Bodenwertzahl 102,8 – das ist der höchste je in Deutschland ermittelte Wert.

19 Auf die gleiche Art, wie wir im Boden, hinterlässt auch der Boden in uns Spuren. Das Verhältnis bestimmter Isotope einer Gegend ist so unverwechselbar wie ein Fingerabdruck. Und indem wir essen und leben,

bildet sich dieses Verhältnis im Körper, genauer gesagt in den Zähnen und Knochen, ab. Noch nach Jahrtausenden lässt sich so zeigen, wo beispielsweise ein prähistorischer Wanderer aufgewachsen ist, bevor er in der Fremde sein Ende fand.

20 Man kennt sogar chthonische Tiere. Das sind mitnichten Arten, die im Boden leben. Regenwurm und Springschwanz zählen nicht dazu. Vielmehr sind es Skorpione oder Schlangen, die den Menschen als Boten der Unterwelt galten. Auch der Maulwurf stand im Verdacht, ein solcher zu sein. Mitunter hielt man sie für ausgemachte Bösewichte: In Thessalien, Griechenland, hätten sie einst eine ganze Stadt untergraben, schrieb der römische Naturforscher Plinius.

21 Es gibt eine Ameisengattung, die ihren Namen einem der Erntegehilfen der Ceres verdankt: *Messor* heißt die Gattung – »Schnitter«. Es sind Ernteameisen.

22 Die Staubstürme haben bis in die Kultur geweht: Der Roman *Die Früchte des Zorns* des späteren Literatur-Nobelpreisträgers John Steinbeck schildert das Leben der Familie Joad, die vom Dust Bowl Richtung Kalifornien ziehen muss. Der Singer-Songwriter Woody Guthrie nahm 1940 seine Platte *Dust Bowl Ballads* auf; in seinen Liedern besang er das Schicksal der vom Staub vertriebenen Menschen.

23 Wenn Ackerbau unter Plastikfolien betrieben wird, sind Probleme vorprogrammiert. In der spanischen Region Almería sind 30 000 Hektar mit Plastikfolien bedeckt. »Mar de plástico« heißt die Gegend denn auch. Das Plastikmeer. Nur dank der Folien und künstlicher Bewässerung konnte aus einer der trockensten und ärmsten Regionen der Garten Europas werden. Doch die Bewässerung und das katastrophale Management der Plastiküberreste schaden dem ohnehin kargen Boden weiter. Auch in China setzt man auf Plastik in der Landwirtschaft. 1,5 Millionen Tonnen Plastikfolien haben bereits 2016 20 Millionen Hektar Land bedeckt. Die Überreste der Folien fliegen durch die Landschaft. Zwischen 60 und 300 Kilogramm Folienmüll finden sich mittlerweile pro Hektar.

24 Der deutsche Humanist, Lehrer und Schriftsteller Paulus Niavis, zu Deutsch: Paul Schneevogel, verfasste 1495 ein kleines Büchlein, *Iudicium Iovis,* das sich mit den Folgen des Bergbaus im Erzgebirge befasste: Der Götterrat hält Gericht über den Menschen, und die Erde ist Anklägerin. »Auf diese Worte hin trat raschen Schrittes eine Frau vor, mit Namen Erde, züchtig und freimütig mit blassem Gesicht; sie trug ein grünes Gewand, aus ihren Augen strömten Tränen. Ihr Haupt wies Verletzungen auf, das Kleid hing zerrissen herab, und man konnte sehen,

wie ihr Leib vielfach durchbohrt war. Ihr folgten Bacchus, Ceres, die Wassernymphe Nais, Minerva, Pluton mit Charon, die Faune und eine große Menge Götter. Dann trat ein Mensch herein, der seine Penaten scharenweise als Berater mitbrachte. Nun hielt Merkur, der gewissermaßen das Amt eines Anwaltes und Sprechers für die Erde übernahm, folgende Rede gegen den Menschen (...).« Merkur sieht den Menschen in der Pflicht, die Erde sorgsamer zu behandeln. Obwohl er gut argumentiert, spricht am Ende die Göttin Fortuna von der Anklage frei.

25 Berlin betrieb um 1900 die größten Rieselfelder der Welt. Hier wurde im Umland der Metropole großzügig das Abwasser entsorgt. Auf der einen Seite düngte man so den eher kargen märkischen Sand. Doch zunehmend konterkarierten die Chemikalien in dem Gemisch die segensreiche Wirkung der Fäkalien auf das Bodenleben.

Dank

So ein Buch ist ähnlich wie ein Boden. Es entsteht nicht über Nacht, es braucht eine ganze Menge Zutaten, und ohne den Hauch des Lebendigen wird es letztendlich nichts. Und so bin ich vielen zu Dank verpflichtet. Entweder weil sie mich Dinge über den Boden gelehrt haben, wie meine Professoren an der Uni, Gartenkundige, Landwirte etc. Oder weil sie mich auf faszinierende Aspekte des Bodens aufmerksam gemacht haben. Manchmal waren das Anekdoten, kleine Geschichten, Nachrichten oder auch Schicksale.

Dankbar bin ich auch denjenigen, die mir das nötige Rüstzeug gegeben haben, aus Buchstaben Worte und Sätze zu formen. Dazu gehört auch das Team vom Verlag. Gerne wird vergessen, dass jeder Artikel, jedes Buch im Grunde viele Eltern hat. Sie korrigieren, besorgen den Satz, geben dem Ganzen eine Form und bringen es heraus.

Und schließlich danke ich denen, die mir Rückhalt gegeben, mein Gejammer ertragen oder guten Rat gehabt haben, meiner Familie, meinen Freunden und auch manch einem Kollegen.

Stellvertretend danke ich insbesondere Charlotte Engelke, Anika Heyner, Sebastian Jutzi, Anne Ehnts, Andrea Hoffmann, Horst Hamm, Arno Matschiner, Benno und Ingrid Laufmann. Gleichzeitig entschuldige ich mich bei all denjenigen, die ich vergessen habe.

Literatur zum Weiterlesen

Heinrich-Böll-Stiftung: Der Bodenatlas. Berlin 2015.

Marcus Porcius Cato: Belehrung über die Landwirtschaft. Berlin 1963.

Charles Darwin: Die Bildung der Ackererde durch die Thätigkeit der Würmer. Stuttgart 1882.

Wilfried Ehlers: Wasser in Boden und Pflanze. Stuttgart 1996.

Raoul H. Francé: Das Leben im Boden. Das Edaphon. Kevelaer 2012.

F(ritz) Giesecke: Die technische Ausnutzung des Bodens. Seine Bonitierung und kartographische Darstellung. Berlin/Heidelberg 1932.

Rüdiger Glaser: Klimageschichte Mitteleuropas. Darmstadt 2013.

Norbert Haber: Nachhaltige Kompostanwendung in der Landwirtschaft. Karlsruhe 2008.

Bernd Herrmann: Umweltgeschichte. Berlin/Heidelberg 2016.

Arwyn Jones, Luca Montanarella, Robert Jones: Soil Atlas of Europe. Luxemburg 2006.

Rolf Meissner: Geschichte der Erde. München 2010.

Zdenek Miler: Der kleine Maulwurf. Gosen-Neu Zittau 2019.

David R. Montgomery: Dirt. The Erosion of Civilizations. Berkeley 2012.

Fred Pearce: Land Grabbing. München 2012.

Herwig Pommeresche: Humussphäre. Kevelaer 2017.

Fritz Scheffer, Paul Schachtschabel: Lehrbuch der Bodenkunde. Berlin/Heidelberg 2018.

Ute Scheub, Heiko Pieplow, Hans-Peter Schmidt: Terra Preta. Die schwarze Revolution aus dem Regenwald. München 2017.

Amy Stewart: Der Regenwurm ist immer der Gärtner. München 2015.

Jan Repcheck: Der Mann, der die Zeit fand. James Hutton und die Entdeckung der Erdgeschichte. Stuttgart 2007.

Werner Tietz: Hirten, Bauern, Götter: Eine Geschichte der römischen Landwirtschaft. München 2015.

Lukas Thommen: Umweltgeschichte der Antike. München 2009.

Karl-Wilhelm Weeber: Smog über Attika. München 1994.

Wolfgang Ziechmann, Ulrich Müller-Wegener: Bodenchemie. Mannheim 1990.

Register

Bildnachweis

Adobe Stock: 22 (sima), 31 (Holger), 33 (Countrypixel)

akg-images: 25 (Denise Bellon)

Alamy Stock Photo: 1 (Nature Picture Library), 7 (The History Collection), 9 (Science Photo Library), 15 (National Geographic Image Collection/Jason Edwards), 36 (The Granger Collection)

Bayerisches Landesamt für Umwelt: 2

Bundesanstalt für Geowissenschaften und Rohstoffe (BGR): 13 (Datenquelle: BÜK5000 V3.0), 23

Ehrmann, Otto: 32

Getty Images: 26 (Silver Screen Collection · Porträt zum Film »Die Abenteuer des Sherlock Holmes« (Originaltitel: »The Adventures of Sherlock Holmes«), Twentieth Century Fox, 1939)

Hambrey, M. J.: 4

Imago: 39 (Florian Gaertner/photothek.net)

International Center for Biosaline Agriculture (ICBA): 37

iStockphoto: 19 (PytyCzech), 30 (Denis Moskvinov)

mauritius images: 10 (Ingo Oeland/Alamy), 16 (Oldtime/Alamy), 17 (AF archive/Alamy · Filmplakat für den Film »Squirm – Invasion der Bestien« (Originaltitel: »Squirm«), American International Pictures, 1976), 20 (GL Archive/Alamy), 21 (Prisma/Hans Fürmann), 24 (United Archives/WHA), 27 (The Picture Art Collection/Alamy), 28 (Peter Horree/Alamy), 29 (Frans Lemmens/Alamy), 35 (Pictorial Press Ltd/Alamy · Filmplakat für den Film »Früchte des Zorns« (Originaltitel: »The Grapes of Wrath«), Twentieth Century Fox, 1940), 38 (Collection Christophel/Twentieth Century-Fox Film Corporation · Filmstill aus dem Film »Der Marsianer« (Originaltitel: »The Martian«), Twentieth Century Fox, 2015), 40 (Ekkasit Keatsirikul/Alamy)

Nasa: 11

picture-alliance: 6, 18 (akg-images), 34 (AP Photo)

Public domain, via Wikimedia Commons: 5 (Scottish National Portrait Gallery), 8

Sólarfilma: 3

Yonsei-Universität: 12 (Yongjae Lee)

Zeichnung Erhard Poßin, aus: Eckhard Jedicke: Boden – Entstehung, Ökologie, Schutz. Ravensburg: 1989, S. 68: 14